中学校数学の授業デザイン 3

# 数学好きを育てる教材アイデア

松沢 要一・中野 博幸 著

学校図書

## ■■はじめに

　著者である私たち二人には，いくつかの共通点があります。

　1つ目は中学校現場で20年ほど，数学教師を務めてきたことです。同じ中学校に勤務していたことはありませんが，共に目指してきたことは「数学好きな生徒を育てたい」ということでした。そのために，日々の授業で少しでも教材を工夫することに取り組んできました。当時の中学校現場では，数学部会が週に1時間程度行われていました。

　「今日，こういう教材で授業をしたら，生徒のこういった反応があって，楽しい授業だった」

　「明日の授業では，こんな教材を準備しているけど，ここにまだ課題が残っていて，もう一工夫したい。何かいいアイデアはないかな？」

といった会話が数学部会の中で交わされていました。先輩教師に学び，同僚教師とともに考えることができるよい環境がそこにありました。今，中学校現場では，教科部会の時間を設けることがなかなかできないと聞きます。日常的に同僚に学ぶ機会が少なくなっているのかもしれません。

　2つ目の共通点は指導主事をしてきたことです。算数や数学の授業を多く参観する機会に恵まれました。惚れ惚れするような教材が載っている指導案に出会うと，参観に出かける前からワクワクするものでした。そして，「教材が変われば授業が変わる」ことを多くの実践者から学びました。「今までの教材と本時の教材はここが違う」「このちょっとした違いが，終始，生徒の主体性を引き出している」といったことが少しずつ見えてきたように思います。また，指導主事として，各社の算数・数学教科書を比較分析したり，小・中学校の学習指導要領や学習指導要領解説算数編や数学編をていねいに読み込んだりしながら，数々の研修講座を企画・担当することもありました。

3つ目の共通点は，任期付きで大学に数年間勤務し，学校教育学部の学生さんや教育職員免許状の取得を目指す大学院の院生さんの教育実習の指導に携わってきたことです。実習前には多くの指導案を読み，赤文字を書き込み，個別に指導しました。また，実習中の授業を参観し，本時の展開で気になったことなどを個別に指導してきました。教員を目指す人たちに必要な資質・能力のようなものを感じ取ることができました。

　このような共通の経験を積んできた私たちは，教員を目指す学生さんや中学校現場で数学授業を展開されている先生方に，同僚に学ぶ機会が希薄になりつつある今だからこそ，伝えておきたいことをまとめたいという気持ちがありました。そんな折に，学校図書の小林雅人氏，大関信昭氏から出版のお声かけをいただきました。両氏には，本書の企画から構成まで，細部に渡ってお力添えをいただきました。

　私たちは，単にこれまでの経験だけを頼りに書き記すのではなく，これからの学習指導要領の方向性にも配慮して，書き記すことを心掛けました。例えば中央教育審議会の議事要旨・議事録・配布資料等も注視しながら書き進めました。

　この本はページの順番にお読みいただいてもよいですし，興味のあるところから読み進めていただいても結構です。中学校数学科の教材開発に長い期間打ち込み，そのときに知った教材の奥深さや教材のアイデアなどを，本書を通して実感していただければ幸いです。


2016（平成28）年　春



松 沢 要 一

# CONTENTS

## 第1章 ■■問題づくり

(1) 角の和を調べる問題　6

(2) 直線を増やす　10

(3) 方程式をつくろう　14

## 第2章 ■■反復 (スパイラル)

(1) 三角形と四角形の内角の和　18

(2) 対称移動を2回続けると　22

(3) 立体の展開図　26

(4) 作図・相似・関数　32

## 第3章 ■■対称性

(1) 図形領域　38

(2) 数と式領域　44

(3) 関数領域　52

(4) 資料の活用領域　56

## 第4章 ■■オープンエンドと条件変更

(1) 2桁の自然数の入替問題　58

## 第5章 ■■動的に見る問題

(1) 回転移動する2つの相似な図形が作る三角形　66

(2) 回転移動する2つの合同な図形が作る三角形　70

(3) 平行移動する2つの正方形の重なり方①　72

(4) 平行移動する2つの正方形の重なり方②　76

(5) ビリヤード問題　78

(6) 動かない頂点を動かす　82

## 第6章 ■■同じ素材を全学年で使ってみる

(1) カレンダー　88

(2) ピラミッド　96

## 第7章 ■■ICT活用

(1) プレゼンテーションソフトを使ったアニメーション提示　102

(2) プレゼンテーションソフトを使ったフラッシュカード型教材　106

(3) 液晶プロジェクタで黒板に教材を提示　108

(4) 表計算ソフトで計算プリントを自動化しよう　110

(5) 毎時間の板書を情報機器で撮影しよう　117

## 第8章 ■■教材・教具

(1) カードや模型など　118

(2) プリントなど　121

### コラム

1 学力の三要素と二種類の課題　16

2 教材研究とは　37

3 教科書を比較してみよう　43

4 小・中・高の目標　情意面と態度に注目　64

5 単元のスタートラインにいない生徒　86

6 類似問題を集めてみよう　101

7 数学の学力の弱点はどこ？　122

# 第1章 問題づくり(1)
# 角の和を調べる問題

## 1 「問題づくり」のよさ

　数学の授業の多くは，教師が問題を提示することから始まります。生徒は教師から提示された問題をそのまま解くものと思っています。いつもこのパターンで授業を始めると，授業のスタート段階から生徒は受け身の状態です。この状況を少しでも打破する1つの方法として「問題づくり」は有効です。生徒が問題づくりに関与することで，自分や友人がつくった問題に積極的に取り組むことが期待できるからです。

　澤田利夫氏[1]は，「問題づくり」の授業を継続的に行った教師や生徒の感想をまとめると，以下のようになると述べています。

- 生徒一人ひとりが，授業に積極的に参加するようになり，発言の回数も多くなる。
- 生徒各自に既習の知識を総合的に用いる機会を提供することができる。
- 比較的低学力の生徒でも，それなりに何か意味ある解答ができる。
- 発見の喜び，他人に認められる喜びの経験を生徒に与えることができる。
- 数学的な考え方を学習する機会が多くなる。その中でも，類推や，一般化の考えを用いる機会が多くなる。

## 2 角の和を調べる問題

　次の3つの図をご覧ください。教科書などで見かける問題です。それぞれを別々に学習した場合，問題と問題との関連などを考えることはほとんどありません。

（ア）　　　　　　　　　（イ）　　　　　　　　　（ウ）

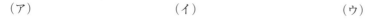

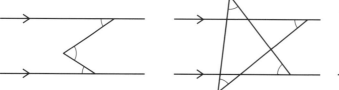 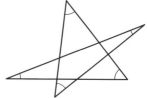

　しかし，図（ア）を問題づくりのきっかけになる原題とし，図（イ）や（ウ）のような問題も含めて，いくつかの問題を生徒とともにつくることができれば，つくった問題の解決にとどまらず，問題と問題との関連までも考察する学習が展開できます。

## 3 問題づくりの下準備

「問題をつくろう」と生徒に言っても，多くの生徒はすぐにつくれるわけではありません。そこで，問題づくりのきっかけになる原題を準備します。原題は，多くの生徒にとって比較的容易な問題がよいと思います。その上で，原題の一部を変えることで新しい問題をつくりやすいものが望ましいと考えています。次の問題を原題とします。

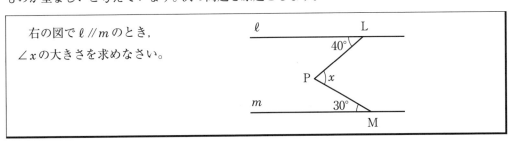

この原題を構成している要素で変更できそうなところは，「平行な2直線」と「2直線の内側にある1つの点(P)」です。これらを以下のように変えることで，新たな問題としてどのようなものができそうかを調べます。そして，それぞれの問題の中に潜む角の関係や問題と問題との関連までも追究するような学習を構想していきます。この下準備が大切です。

- 平行な2直線 → 平行でない2直線
- 2直線の内側にある1つの点 → 2直線の外側に1つの点
  　　　　　　　　　　　　　　 2直線の内側に2つの点
  　　　　　　　　　　　　　　 2直線の外側に2つの点
  　　　　　　　　　　　　　　 2直線の内側に1つの点，外側に1つの点

この程度に変えて，これらを組み合わせ，表にしてみます。

| 点の数と位置＼2直線の関係 | 1つの点 内側 | 1つの点 外側 | 2つの点 2点とも内側 | 2つの点 2点とも外側 | 2つの点 1点は内側 1点は外側 |
|---|---|---|---|---|---|
| 平行な2直線 | 原題 | ① | ② | ③ | ④ |
| 平行でない2直線 | ⑤ | ⑥ | ⑦ | ⑧ | ⑨ |

## 4 問題づくり

$\ell // m$ のとき，点Pを平行線の外側にとり，LとP，PとMを結んで問題をつくりましょう。また，点を2つ(P, Q)にし，その位置を平行な2直線の内側や外側にして，LとP，PとQ，QとMを結んで問題をつくりましょう。(前表の①から④)

7

①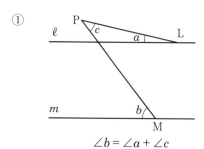

$\angle b = \angle a + \angle c$

②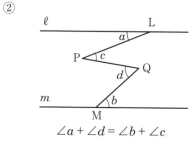

$\angle a + \angle d = \angle b + \angle c$

③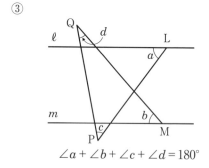

$\angle a + \angle b + \angle c + \angle d = 180°$

④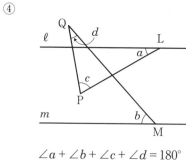

$\angle a + \angle b + \angle c + \angle d = 180°$

次に，先ほどの表の⑤から⑨の問題づくりと，それぞれに潜む角の関係を追究する学習を展開するために，次のように問いかけます。

| 今度は2直線が平行でない場合の問題をつくりましょう。 |

⑤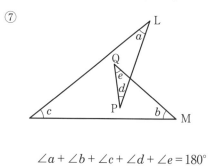

$\angle d = \angle a + \angle b + \angle c$

⑥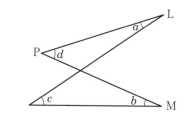

$\angle a + \angle d = \angle b + \angle c$

⑦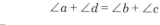

$\angle a + \angle b + \angle c + \angle d + \angle e = 180°$

⑧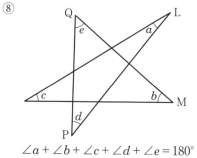

$\angle a + \angle b + \angle c + \angle d + \angle e = 180°$

8

⑨

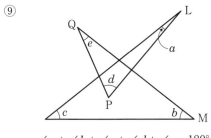

$\angle a + \angle b + \angle c + \angle d + \angle e = 180°$

　線の結び方や注目する角の違いなどによって，例示した①から⑨以外の図や角の関係も考えられます。③や④はそれぞれ次のように考えることもできます。

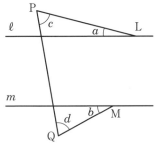

$\angle a + \angle b + \angle c + \angle d = 180°$

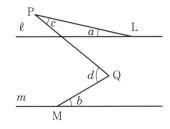

$\angle d = \angle a + \angle b + \angle c$

## 5 問題と問題との関連

　生徒とともにつくったそれぞれの問題の中にある角の関係を調べることにとどまらず，一部を動的に見ると，関連が見えてくることも学習できます。例えば③と⑧は，直線 $\ell$ を動かすことで，$\angle a$ は③から⑧になると $\angle e$ だけ小さくなります。しかし，⑧では新たに下部に $\angle e$ がつくられるので，③の4つの角の和と⑧の5つの角の和はどちらも180°です。

③
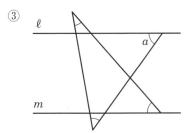

⑧
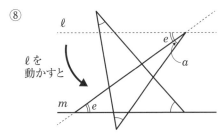

$\ell$ を動かすと

### ■■ 引用・参考文献

1）澤田利夫・坂井裕編著『中学校数学科〔課題学習〕問題づくりの授業』，pp.7-14，1995年，東洋館出版社
松沢要一『中学校数学科授業を変える教材開発＆アレンジの工夫38』，2013年，明治図書
松沢要一「問題づくり」『教育科学 数学教育No.696』，pp.16-19，2015年，明治図書

# 第1章 問題づくり(2)
# 直線を増やす

## 1 図を観察する

次の図をご覧ください。

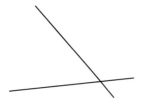
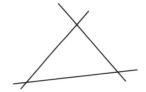
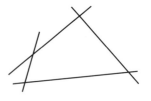

　どれも直線でできています。直線の本数はそれぞれ2本，3本，4本です。これらの図には，対頂角，錯角や同位角，三角形の内角や外角，そして，四角形の内角や外角があります。このような角についての学習を進める際に，教師がその都度，図を提示しなくても，生徒が直線の本数を増やしながら図をかき，その図の中に現れた角について調べていくような単元構成が可能です。

## 2 直線1本から始める

> 直線が1本あります。
> ここにできた角について調べましょう。　　　―――――――・

　この図には180°の角があります。このあと，生徒が直線の本数を増やしながら作図して，その中に現れる角について調べていくとき，説明の根拠の1つとなる角です。

## 3 直線を2本，3本，4本と増やす

> 　直線を2本，3本，4本と増やしていきます。直線の位置関係を考えながら，様々な図をかきましょう。そして，それぞれの図の中にできる角について，どのような性質があるかを調べましょう。

直線の位置関係は,「平行」の場合と「平行でない」場合を期待しますが,小学校の学習を思い出して,「平行」と「垂直」と考える生徒が少なくありません。このことに配慮して直線の位置関係を確認しながら,様々な図をかくように促します。直線が3本,4本になると,図を分類する視点が,「直線の位置関係」から「交点の数」に変わっていくかもしれません。

① 直線が2本の例

右上のように,対頂角を調べる図ができます。

② 直線が3本の例

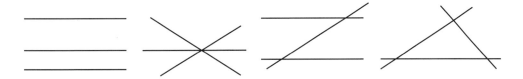

左から2つ目の図は,対頂角の発展問題になります。3つ目の図において,平行線の同位角・錯角は等しいことを調べます。このとき,4つ目の図を同時に考え対比することで,平行線でない場合は,同位角・錯角は等しくならないことに気付かせることができます。

また,4つ目の図で,三角形の内角の和,外角の和などを調べることができます。すでに三角形の辺を延長した図になっているため,外角が見えています。細かな指示をしなくても,生徒自ら外角の性質を調べようとすることが期待できます。

③ 直線が4本の例

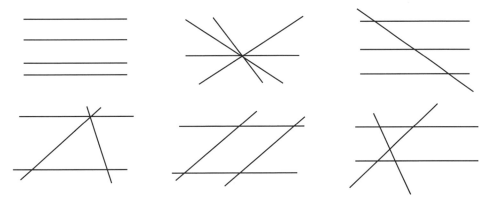

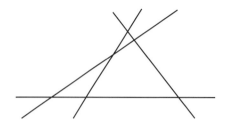

　直線4本によってできる図では，対頂角の発展問題，平行四辺形の角，四角形の内角の和，外角の和などを調べることができます。

# 4 三角形の外角の性質を，紙を折って示す

　「三角形の外角は，これと隣り合わない2つの内角の和に等しい」は，先に例示した図の中で調べることができる性質です。この性質は紙を折ることで示すこともできます。
　下図のような鈍角三角形の紙を用意し，次の手順で折ります。∠Cの外角のところに，∠Aと∠Bをもっていきます。

① ABとACのそれぞれの中点を結んだ線を折り目にして折ります。
　（このとき，頂点AはBCの延長線上にきます。）
② 次に頂点Bを頂点Aに合わせるように折ります。
　（離れていた∠Aと∠Bが近づいて一緒になりました。）
③ 紙をひっくり返します。
④ 頂点AとBを頂点Cに合わせるように折ります。
　（∠Aと∠Bが∠Cの外角のところにきました。）

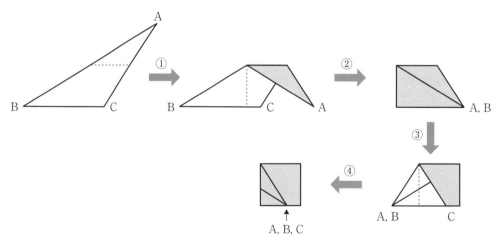

第1章■問題づくり (2) 直線を増やす

# 5 新たな問い

こうして，生徒が直線を1本から2本，3本，4本と増やしながら図をかき，その図の中に現れた角の性質を調べる単元構成にできます。

ここで，直線の本数と交点の数を，例示した図で確認しながら表にすると，次のようになります。

| 直線の本数 | 1本 | 2本 | 3本 | 4本 |
|---|---|---|---|---|
| 交点の数 | 0 | 0, 1 | 0, 1, 2, 3 | 0, 1,　3, 4, 5, 6 |

表を見ると「直線が4本のとき，交点の数が2になる図はかけないのだろうか」という問いが生まれる可能性があります。

また，直線の本数と最も多い交点の数を表にすると，次のようになります。最も多い交点の数の増え方に規則性がありそうです。

| 直線の本数 | 1本 | 2本 | 3本 | 4本 |
|---|---|---|---|---|
| 最も多い交点の数 | 0 | 1 | 3 | 6 |

+1　　+2　　+3

今度は直線を5本にしたときの最も多い交点の数を推測し，「その推測でよいのだろうか」という問いをもつ生徒もいるでしょう。さらに，「直線が5本のとき，交点の数が2になる図はかけないのだろうか。他にも図にかけない交点の数があるのだろうか」といった問いが生まれることも考えられます。

教師がその都度，図を提示する方法で授業を展開する場合には，このように新たな問いが生まれる可能性はほとんどありません。図をかき，できた角についての性質を調べるという本単元の主なねらいや学習内容からは外れますが，ときには生徒に問いが生まれるような授業を展開していくことも大切なことです。

■■ 参考文献

松沢要一「日常の授業に問題の発展的な扱いを (4)」『教育科学 数学教育No.453』，pp.93－102，1995年，明治図書

第1章

## 問題づくり (3)
# 方程式をつくろう

　一次方程式, 連立方程式, 二次方程式を解くことがある程度定着してきた頃, 生徒が方程式そのものをつくる場面を設けます。方程式をつくる過程では, 方程式を解くこととは異なる思考を要する場面があります。また, つくった方程式を解き合うことも意欲を高めます。時には友達のつくった式を解き始めたとき, 「おかしい」と気付き, そのことを説明したり, 式を修正したりする学習も期待できます。

## 1 等式の性質を使って一次方程式をつくろう

> 　等式の性質を1回使うことで解くことができる一次方程式をつくりましょう。ただし, $x = ○$ (○は自分で決めた数) が解となるようにし, つくる途中も明記してください。

　ここでは○を2とします。$x = 2$ が解となる一次方程式を, 例えば, 次のようにつくることができます。

（例1）

$$x = 2$$
両辺を4倍して
$$4x = 8$$

（例2）

$$x = 2$$
両辺に4を加えて
$$x + 4 = 6$$

> 　等式の性質を2回使うことで解くことができる一次方程式をつくりましょう。ただし, $x = ○$ (○は自分で決めた数) が解となるようにし, つくる途中も明記してください。

　再び○を2として, 2つ例示します。

（例3）

$$x = 2$$
両辺を4倍して
$$4x = 8$$
両辺に3を加えて
$$4x + 3 = 11$$

（例4）

$$x = 2$$
両辺から3を引いて
$$x - 3 = -1$$
両辺を2で割って
$$\frac{x-3}{2} = -\frac{1}{2}$$

第1章■ 問題づくり (3) 方程式をつくろう

## 2 連立方程式をつくったら，「おや？」

$x = \bigcirc$, $y = \square$ ($\bigcirc$, $\square$ は自分で決めた数) が解となる連立方程式をつくりましょう。

Aさんは，$x = 2$, $y = 3$ が解となる連立方程式を次のようにつくりました。

$$\begin{cases} x + y = 5 \\ 2\,(x + y) = 10 \end{cases}$$

これを解き始めたBさんは，「おかしい」とつぶやいています。

B：Aさんは，どのようにしてこの式をつくったの？

A：$x = 2$, $y = 3$ が解となるようにしようと思ったので，1本目の式は，$x$ と $y$ の和が5だから，こうなる ($x + y = 5$) よね。2本目の式は，この式の両辺を2倍にしたよ。

B：式のつくり方はおかしくないと思うけど，どうして $x = 2$, $y = 3$ にならないのだろう。

　問題づくりでできた式を実際に解いていく過程で「おや？」と思う場面が生まれます。このことが連立方程式を再度考えるきっかけになります。

## 3 二次方程式をつくろう

　解が次のようになる二次方程式をそれぞれつくりましょう。
① $x = 2$, $x = -3$　　② 解の1つが $x = 2$
③ $x = \bigcirc$, $x = \square$ ($\bigcirc$, $\square$ は自分で決めた数)　　④ $x = \dfrac{-b \pm \sqrt{b^2 - 4ac}}{2a}$ (ただし，$a \neq 0$)

④は，次のように考える生徒もいるでしょう。

$$x = \frac{-b \pm \sqrt{b^2 - 4ac}}{2a}$$

両辺に $2a$ をかけて　　　　　$2ax = -b \pm \sqrt{b^2 - 4ac}$

$$2ax + b = \pm \sqrt{b^2 - 4ac}$$

両辺を2乗して　　　$(2ax + b)^2 = b^2 - 4ac$

$$4a^2x^2 + 4abx + b^2 = b^2 - 4ac$$

$$4a^2x^2 + 4abx + 4ac = 0$$

両辺を $4a$ で割って　　$ax^2 + bx + c = 0$

15

# コラム 1

## 学力の三要素と二種類の課題

「先生がお勤めの学校の課題は何ですか？」とお聞きすると，「学力と学習意欲を高めることです」と答えてくださる先生方がいます。学校課題の解決に向けて，数学科教員として真剣に取り組んでいる先生方が多いです。ただ，この回答の「学力と学習意欲」という表現が気になります。学力と学習意欲は別であるととらえている回答だからです。

「学力」をどのようにとらえればよいのでしょうか。学校教育法の第30条第2項[1]には，次のような規定があります。

> 前項の場合においては，生涯にわたり学習する基盤が培われるよう，基礎的な知識及び技能を習得させるとともに，これらを活用して課題を解決するために必要な思考力，判断力，表現力その他の能力をはぐくみ，主体的に学習に取り組む態度を養うことに，特に意を用いなければならない。
> （下線は筆者）

第30条第2項は小学校における規定ですが，これは中学校に準用する（第49条），高等学校に準用する（第62条）とあります。このことから，小学校から高等学校まで，法規上では「学力」には下線部分で示された三要素があると言えます。

また，中学校学習指導要領解説数学編[2]には，次のように記されています。

> （前略）この間，教育基本法改正，学校教育法改正が行われ，知・徳・体のバランス（教育基本法第2条第1号）とともに，基礎的・基本的な知識・技能，思考力・判断力・表現力等及び学習意欲を重視し（学校教育法第30条第2項），学校教育においてはこれらを調和的にはぐくむことが必要である旨が法律上規定されたところである。（下線は筆者）

両者の下線部分を比較してみます。中学校学習指導要領解説数学編では，1つ目の要素について「基本的」が加わっています。2つ目の要素は「その他の能力」を「等」としています。3つ目の要素は「学習意欲」としています。

そこで，本書は「学力」の三要素を右図のように「知識・技能」「思考力・判断力・表現力」「学習意欲」と書き表すことにします。

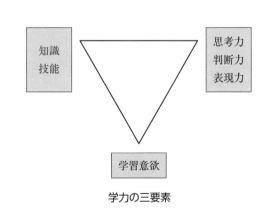

学力の三要素

■コラム1　学力の三要素と二種類の課題

　三要素の中でも「学習意欲」については，教育基本法第6条第2項[3]の中で次のように重視することとされています。

> 　前項の学校においては，教育の目標が達成されるよう，教育を受ける者の心身の発達に応じて，体系的な教育が組織的に行われなければならない。この場合において，教育を受ける者が，学校生活を営む上で必要な規律を重んずるとともに，自ら進んで学習に取り組む意欲を高めることを重視して行われなければならない。（下線は筆者）

　以上のように，学力の三要素は学校教育制度の根幹を定める学校教育法に明記され，学力要素の1つである「学習意欲」は，わが国の教育の基本理念と基本原則を定める教育基本法に，それを高めることを重視すると明記されているのです。

　次に，別の視点から学校教育法第30条第2項に注目しましょう。それは，「…基礎的な知識及び技能を習得させるとともに，これらを活用して課題を解決するために必要な思考力，判断力，表現力その他の能力をはぐくみ…」（下線は筆者）の部分です。習得させた知識・技能を活用して課題を解決するために必要なものがあり，それらが思考力・判断力・表現力と読み取ることもできそうです。

　このような読み取りから，「課題」は大きく二種類あり，「知識・技能」を問う課題と「知識・技能」と「思考力・判断力・表現力」を総動員して解決する課題があると受け止めることができます。全国学力・学習状況調査のA問題が前者，B問題が後者と考えることもできそうです。また，国際的な調査のTIMSSが前者，PISAが後者と考えてもよいかもしれません。

|  | 全国学力・学習状況調査 | 国際調査 |
| --- | --- | --- |
| 「知識・技能」を問う課題 | A問題 | TIMSS |
| 「知識・技能」と「思考力・判断力・表現力」を総動員して解決する課題 | B問題 | PISA |

■■ 引用文献

1）文部科学法令研究会監修『文部科学法令要覧　平成24年版』，p.105，2012年，ぎょうせい
2）文部科学省『中学校学習指導要領解説数学編』，p.1，2008年，教育出版
3）上掲1）p.7

Column

第**2**章 反復（スパイラル）(1)
# 三角形と四角形の内角の和

## 1 反復(スパイラル)による教育課程のねらいは2つ

　中央教育審議会答申「幼稚園，小学校，中学校，高等学校及び特別支援学校の学習指導要領等の改善について」[1]（平成20年1月）には，小学校算数科，中学校数学科，高等学校数学科の改善の基本方針が示されています。その中で，「反復（スパイラル）による教育課程」について言及している部分が次のようにあります。

---

○（前略）このため，数量や図形に関する基礎的・基本的な知識・技能の確実な定着を図る観点から，算数・数学の内容の系統性を重視しつつ，学年間や学校段階間で内容の一部を重複させて，発達や学年の段階に応じた反復（スパイラル）による教育課程を編成できるようにする。

○子どもたちが算数・数学を学ぶ意欲を高めたり，学ぶことの意義や有用性を実感したりできるようにすることが重要である。そのために，

・（中略）

・発達や学年の段階に応じた反復（スパイラル）による教育課程により，理解の広がりや深まりなど学習の進歩が感じられるようにすること

・（中略）

を重視する。（下線は筆者）

---

　このことから，「反復（スパイラル）による教育課程」のねらいは2つあることがわかります。1つは「知識・技能の確実な定着を図る」ことです。もう1つは「算数・数学を学ぶ意欲を高めたり，学ぶことの意義や有用性を実感したりできるようにする」ことです。前者のねらいだけを意識した授業ではなく，後者のねらいにも配慮した授業を展開していくことが重要です。

## 2 小5の「三角形と四角形の内角の和」

　具体的に「三角形と四角形の内角の和」について考えていきます。中学校2年生のこの授業を構想する前に，小学校5年生はどのように学習しているかを確認することが大切です。小学校5年生の算数教科書（平成22年文部科学省検定済み　6社）を見ると，三角形の内角の和を調べる方法として，多くの教科書に載っているのは次の3つです。

<分度器を使って測る>　　　　<３つの角の部分を切って集める>

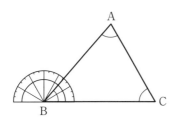 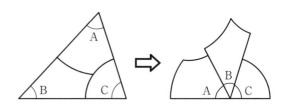

<合同な三角形をしきつめる>

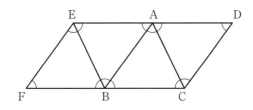

　この他に，右図のように三角形の紙を折って３つの角を集める方法を掲載している教科書もあります。

<折って３つの角を集める>

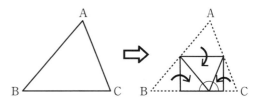

　三角形の内角の和を調べるこれらの方法は，どれも演繹的な考え方を用いているわけではありません。複数の三角形を調べることを通して帰納的に考えようとしています。

　この学習のあとに四角形の内角の和を学習します。三角形と同じように分度器を使う方法，角の部分を切って集める方法，合同な四角形をしきつめる方法（どれも帰納的な考え方）で調べます。そして，例えば次の図のような補助線を引いて，今度は演繹的に考えていきます。このように，小学校５年生では，四角形の内角の和を帰納的に考えたり，演繹的に考えたりします。

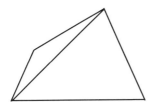 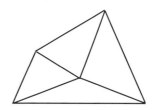

# 3 中2の「三角形と四角形の内角の和」

　中学校2年生で学習する三角形の内角の和は，小学校5年生の帰納的な考え方とは異なり，演繹的な考え方で学習していきます。

　このあとの四角形の内角の和も，演繹的に考えることになりますが，小学校5年生とまったく同じ方法で学習することのないようにしたいものです。例えば，補助線を教師がすべて示すのではなく，生徒が補助線そのものも考える場面を設けます。●（マグネット）を1つ用意し，黒板の上で動かしながら，「補助線の引き始めの点●（マグネット）は平面上のどこでもよい」とします。すると，生徒は●（マグネット）をいろいろなところに置き，様々な補助線を考えていきます。以下はその例です。

＜●が頂点にある＞

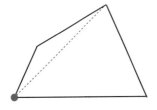

＜●が辺上にある＞

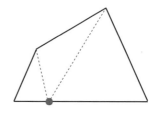

＜●が四角形の内部にある＞

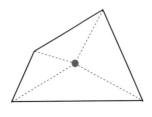

＜●が四角形の外部にある（その1）＞

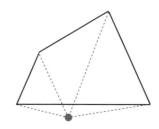

＜●が四角形の外部にある（その2）＞

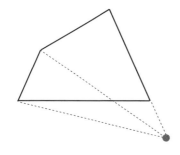

＜●が四角形の外部にある（その3）＞

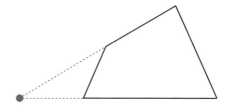

四角形を三角形に分割する補助線が多い中で，●（マグネット）が四角形の外部にある（その2）や（その3）の場合は，●（マグネット）が四角形の外部の特殊な位置にあり，生徒にはこのような補助線では求められないように見えるかもしれません。しかし，これらの場合であっても演繹的に説明することができます。

<●が四角形の外部にある（その2）>

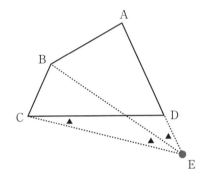

<●が四角形の外部にある（その3）>

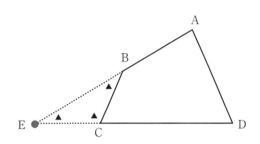

(四角形ABCDの内角の和)
= (△ABEの内角の和)
　+ (△BCEの内角の和) + ∠ADC
　− (上図の▲印の3つの和)
ところが
　(上図の▲印の3つの和)
= ∠ADC
なので，
　(四角形ABCDの内角の和)
= 180° + 180°
= 360°

(四角形ABCDの内角の和)
= (△AEDの内角の和)
　+ ∠ABE + ∠ECD
　− (上図の▲印の3つの和)
ところが
　(上図の▲印の3つの和)
= 180°
なので，
　(四角形ABCDの内角の和)
= 180° + 180° + 180° − 180°
= 360°

### ■■ 引用文献

1) 中央教育審議会答申「幼稚園，小学校，中学校，高等学校及び特別支援学校の学習指導要領等の改善について」（平成20年1月）
http://www.mext.go.jp/b_menu/shingi/chukyo/chukyo0/toushin/_icsFiles/afieldfile/2009/05/12/1216828_1.pdf
（閲覧日　平成27年6月18日）

# 第2章 反復（スパイラル）(2)
# 対称移動を2回続けると

## 1 小学校低学年からの操作と小6の「対称な図形」

　小学校低学年から「ずらす」，「まわす」，「裏返す」などの操作をしながら，図形の性質を考察しています。現行の学習指導要領では，「対称な図形」は新規の内容として中学校から小学校6年に移行しました。線対称な図形，点対称な図形を，それぞれ1つの図形についての対称性として扱っています。線対称な図形の性質やかき方も学習します。
　このことを踏まえて，中1では対称移動から学習していくことも1つの方法です。

## 2 対称移動を2回続けると

　移動の視点から図形をとらえ，図形と図形の間の関係として対称性を考察することは，中1が初めてとなります。中学校の教員だった頃，新採用から10年以上の間，3つの移動（対称移動，平行移動，回転移動）を小出しにしながら，1つ1つ別々に取り扱う授業をしていました。こうした授業を例年繰り返していく中で，少しでも工夫した授業展開ができないものかと思いを巡らせていました。
　あるとき，対称移動を2回繰り返してみたのです。対称の軸を2本にして，同じ図形を2回続けて対称移動したのです。最初の対称移動で裏返った図形は，次の対称移動で表に戻ります。当たり前のことです。しかし，2本の対称の軸が平行のときとそうでないときでは様相が異なり，おもしろい性質が潜んでいることに気付きました。数学の美しさを実感する瞬間でした。

## 3 対称移動

　最初に対称移動です。この移動を基にして他の2つの移動をつくり出していくからです。

　△ABCを，直線$\ell$を対称の軸として折り返した△A′B′C′をかきましょう。かいた図の中にはどんな性質がありますか。

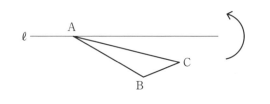

図のように，△ABCの1つの頂点Aが対称の軸と接するようにしてあります。これは，このあとの学習で三角形の辺と対称の軸とでつくる角にも着目することを期待して，意図的にこの角が見えるようにしました。

　生徒は作図したあとに，図を観察して，次のような性質があることを指摘しました。

- ・対応する角の大きさは等しい。
- ・対応する辺の長さは等しい（したがって，その和も等しい）。
- ・面積は等しい。
- ・同じ形である。
- ・対称の軸と辺とでつくる角の大きさは等しい。
- ・折ると重なる。

　これらの性質がいずれも正しいことを，折り返すという操作をもとにして確認しました。

## 4 対称移動を2回続ける（その1：2本の対称の軸は平行）

　対称の軸を1本増やします。ただし，対称の軸ℓに平行になるようにします。そして，対称移動を2回続けて行う図をかいて，最初の図形とどのような関係があるかを探します。

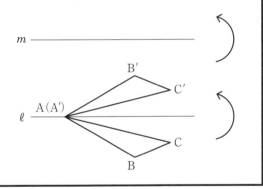

　図のように，直線mを対称の軸ℓと平行になるようにとります。
　△A′B′C′を，直線mを対称の軸として折り返した△A″B″C″をかきましょう。
　△ABCと△A″B″C″との間にはどのような関係がありますか。

　最初の問題（対称移動）で見つけた「折ると重なる」という性質に対して，ここでは「1回折るだけでは△ABCと△A″B″C″は重ならない」という発言が出てきました。そこで，「どうすれば重ねることができるか」と問いました。これに対して，「ずらせば重ねることができる」という気付きです。「どの方向に，どのくらいずらせば重なるのか」が問題となり，「対称の軸に垂直な方向にずらせばよい」，「2本の対称の軸の間の距離の2倍の長さだけずらせばよい」ということに気付き始めました。

方眼紙を使って作図した生徒の中には，マス目を数えてこれらの気付きが正しいことを確かめる生徒もいました。その後，次の図のように△ABCと△A″B″C″の対応する点を結んだ線分（対称の軸に垂直な線分）を数本かき，長さが等しい所に印をつけ，「対称の軸に垂直な方向に，対称の軸の間の距離の2倍の長さだけずらせばよい」ことを生徒が説明しました。

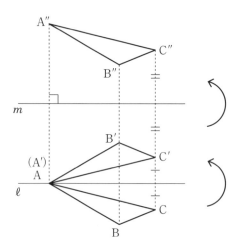

　「平行移動」を学習していない段階で，このような授業を展開したのです。生徒はこの場面で初めて「平行移動」を知ることになりました。対称移動を合成することで平行移動を学習する場面となったのです。

# 5 対称移動を2回続ける（その2：2本の対称の軸は平行でない）

　続いて，平行だった2本の対称の軸を，平行でない場合に変えます。

　△A′B′C′を，直線mを対称の軸として折り返した△A″B″C″をかきましょう。
　△ABCと△A″B″C″との間にはどのような関係がありますか。

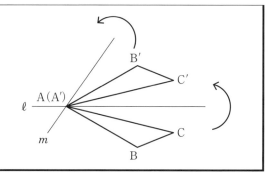

　この図では，mがℓに対して平行でなければよいのですが，角についての考察がしやすくなるように，mが頂点Aを通るようにしてあります。

△A″B″C″を作図した後に，生徒は△ABCと△A″B″C″の間の関係を探りました。「回転移動」を学習していない段階ですが，「回せば重ねることができる」「2つの軸がつくる角の2倍の大きさだけ回す」ことに気付きました。

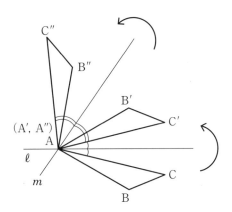

　こうして，対称移動を合成することで回転移動を学習する場面ができました。
　3つの移動をバラバラに学習するのではなく，対称移動を合成することで他の2つの移動（平行移動，回転移動）を考察するように展開しました。対称移動を2回行う際に，2本の対称の軸が平行のときには平行移動が生まれ，2本の対称の軸が平行でないときには回転移動が生まれました。そして，2つの移動には次表で示すような双対性があります。
　対称移動を合成することで他の2つの移動ができ，しかも双対性があることに数学の美しさを実感します。

表：対称移動の合成によって生まれる2つの移動の双対性

| 2本の対称の軸の位置関係 | 対称移動の合成によってできた移動 | 平行移動と回転移動に見られる双対性 |
| --- | --- | --- |
| 平行 | 平行移動 | 2本の対称の軸の間の距離の2倍 |
| 平行でない | 回転移動 | 2本の対称の軸がつくる角の2倍 |

■■ 参考文献

松沢要一「日常の授業に問題の発展的な扱いを (2)」『教育科学 数学教育No.451』，pp.82－89, 1995年, 明治図書

# 第2章 反復（スパイラル）(3)
## 立体の展開図

### 1 小4で学習する「立方体，直方体」

　小学校4年生で「立方体，直方体」を学習します。現行の学習指導要領で小6から移行した内容です。小学校学習指導要領解説算数編[1]には，「立方体や直方体を見取り図や展開図で表すことを通して，辺や面のつながり，それらの位置関係などについて理解できるようにするというねらいがある」とあります。そして，「一つの立体図形から，一通りではなく幾つかの展開図をかくことができることや，展開図からできあがる立体図形を想像できるようにすることが大切である」と解説が続きます。

　小学校4年生の算数教科書（平成22年文部科学省検定済み 6社）の中には，立方体の展開図11種類をすべて示している教科書もあります。もちろん，なぜ11種類なのかは問いかけていません。

　これらのことを踏まえ，中学校1年生の「立体の展開図」はどのように構想すると，少しでも興味深い授業になるでしょうか。

### 2 立方体のふたを取り除いた立体

　立方体の展開図をすべてかき表すことは，中学校1年生にも難しいものと考えます。また，11種類しかないことを説明することも困難が予想されます。そこで，立方体の面を1つ減らし，ふたのない立体の展開図を考えてみます。

> 立方体の形をしたふたのない箱があります。この立体の展開図をいろいろと考えてみましょう。

（ふたのない箱）

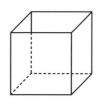

　ふたのない箱とはさみを配ります。また，はさみで切った辺をつなぐためにセロテープを準備しておくとよいでしょう。ふたがないだけに，はさみを入れることが容易です。実際に辺にそって切り開きながら，いろいろな展開図を考える糸口を見つける可能性があります。ふたのない箱には，はさみで切ることができる辺が8つあります。このうち，3つ以下の辺を切ったときは箱が開かず，展開図になりません。5つ以上の辺を切ったときは，立体から切り離され

てしまう面があり，展開図になりません。そして，4つの辺を切るときに展開図ができることに気付いていきます。ただし，底面が離れてしまう切り方は除きます。

はさみを入れる4つの辺をどこにするかで展開図が異なります。側面と側面からできている4つの辺（Aグループ）と，側面と底面からできている4つの辺（Bグループ）の中から，はさみを入れる4つの辺（太線）を選ぶと，次のようになります。

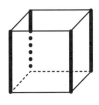 

（Aグループの辺）　（Bグループの辺）

① Aグループの辺を4つ切る　　　　② Aグループの辺3つとBグループの辺1つを切る

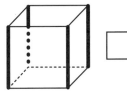 　　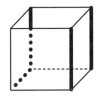

③ Aグループの辺2つ（隣同士）とBグループの辺2つを切る

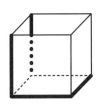 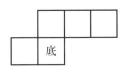　　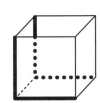

④ Aグループの辺2つ（向かい合せ）とBグループの辺を2つ切る

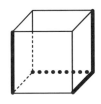 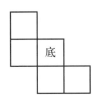　　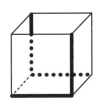

⑤ Aグループの辺1つとBグループの辺3つを切る

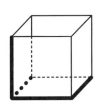 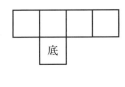　　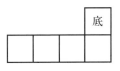

全部で8種類の展開図になります。このように，ふたを取り除いた立体の展開図を考えることであっても，論理的に考察したり，表現したりする力を養うことになります。

# 3 展開図にふたを付け加える

これら8種類の展開図に，ふたになる1枚の面を付け加えることで，立方体の展開図を考えることもできます。底面と平行になる位置を考えていくことになります。

> 先ほどの展開図に，ふたになる面 ■ を付け加えて，今度は立方体の展開図をかきましょう。

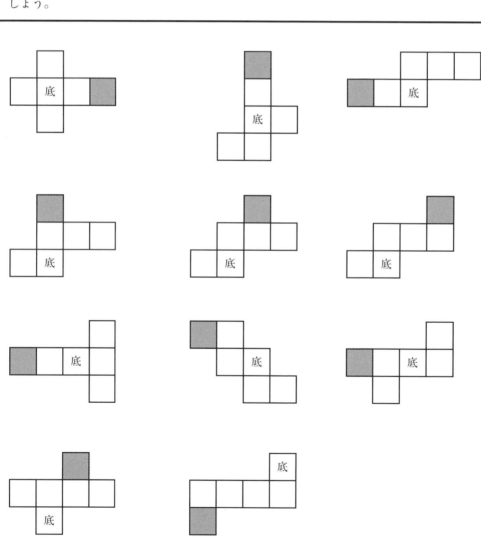

## 4 正四角錐との同時展開

　立方体のふたを取り除いた立体と正四角錐の展開図を同時に考える授業です。両方の展開図を同時に考えることで、何かに気付きそうです。

　立方体の形をしたふたのない箱と正四角錐の展開図をそれぞれかきましょう。また、気付いたことをまとめましょう。

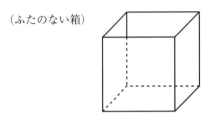
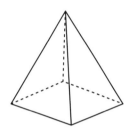

　正四角錐は、はさみで切り開きにくいので、合同な二等辺三角形4枚と正方形1枚を準備して、生徒に配付するのもよいと思います。2つの立体はどちらも8種類の展開図ができます。次の例のように、面と面のつながり具合が同じ展開図になります。

## 5 立方体と正八面体の同時展開

　立方体と正八面体の展開図をそれぞれかきましょう。どちらの展開図の種類が多くありますか。また、気付いたことをまとめましょう。

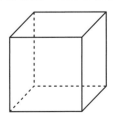
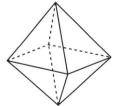

辺の数はどちらの立体も12です。立方体は面の数が6で頂点の数は8です。正八面体の面の数は8で頂点の数は6です。2つの立体には双対性があります。ただ，面の数は正八面体の方が立方体より2つ多いので，「展開図の種類は正八面体の方が多い」と予想する生徒もいるでしょう。ところが，正八面体の展開図は下図のように立方体と同じく11種類です。

<正八面体の展開図>

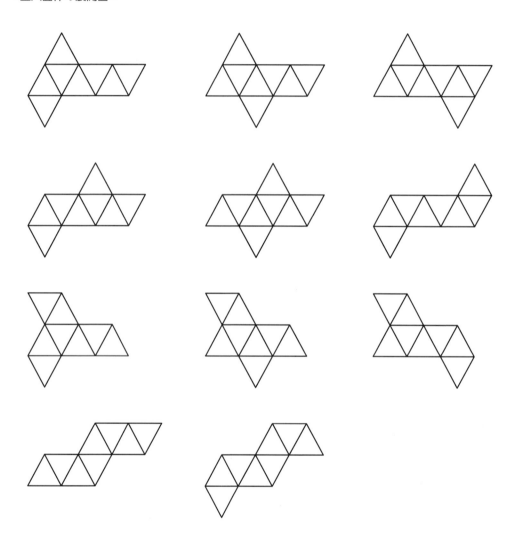

生徒にとっては，立方体と正八面体はずいぶん異なった立体に見えるものと思います。しかし，2つの立体の展開図を同時に考えることによって，1つの立体の展開図では見えなかったことに気付くかもしれません。例えば，次のようなことです。

- どちらも11種類の展開図になる。
- 立方体の展開図の形と正八面体の展開図の形で似ているものがある。
- 立方体の展開図の中に，右のように3面が一列になっている部分があるとき，A面とB面は平行である。

- 正八面体の展開図の中に，右のように4面が一列になっている部分があるとき，C面とD面は平行である。

- 展開図の一部（太線）を回転させることで別の展開図にできるものがある。

例

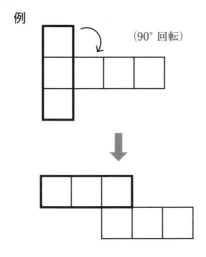

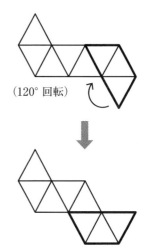

中学校学習指導要領解説数学編[2]には，「具体的な空間図形について，その見取り図，展開図，投影図を用い，図形の各要素の位置関係を調べることを通して，論理的に考察し表現する能力を培う」とあります。この能力が高まることを目指しながら，生徒が興味深く追究できるように少しでも工夫したいところです。

■■ 引用・参考文献

1）文部科学省『小学校学習指導要領解説算数編』，p.133，2008年，東洋館出版社
2）文部科学省『中学校学習指導要領解説数学編』，p.71，2008年，教育出版
松沢要一『中学校数学科 授業を変える教材開発＆アレンジの工夫38』，2013年，明治図書
松沢要一『授業が10倍おもしろくなる！算数教材かんたんアレンジ34』，2014年，明治図書

# 第2章 反復(スパイラル)(4)
# 作図・相似・関数

## 1 日常の事象を数学の問題として捉える

　数学が私たちの生活と深くかかわっていることを生徒に伝えることは，数学教育の中でとても重要な指導内容の1つです。そのため，日常の事象を数学の問題として考えさせる課題が多く考えられています。次の2つの課題を考えてみましょう。

■水汲み問題

　キャンプ場の地点Aを出発して，途中で川の水をくみ，炊事場がある地点Bまで運びます。どの地点で川の水をくめば，歩く距離がもっとも短くなるでしょうか。

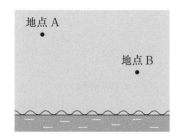

■ビリヤード問題

　ビリヤードで球Aを壁に1回だけクッションさせて，球Bに当てたい。球Aは壁のどこにクッションさせれば，球Bに当てることができるでしょうか。

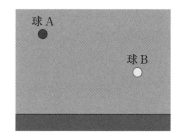

　2つの課題はまったく違いますが，状況を数学の課題として単純化すると，水汲み地点Pと壁のクッション点Pは同じことがわかります。

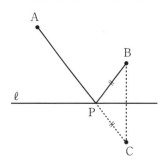
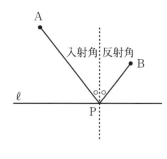

　しかし，水汲み問題がAP＋PBが最短になる長さに着目しているのに対して，ビリヤード問題は「入射角＝反射角」という角の大きさに着目している点で，問題を解決するアプローチは異なるものであると考えることができるでしょう。

# 2 作図の課題として考える

　教科書では，中学校1年生の平面図形で水汲み問題を取り上げている例が見られます。
　2点間の最短経路は，2点を結ぶ線分の長さであることに着目して，点Bについて，直線$\ell$と線対称の位置に点Cを見つけるというアイデアは，数学的にとてもエレガントな考え方です。
　しかし，このようなエレガントな考え方は，なかなか思いつくものではありません。そこで，誰もが直観的に点Pを見つけることができるように問題状況を変更してみることも，大切な数学的な考え方と言えるでしょう。

　点Aと点Bが直線$\ell$から等距離にある場合を考えます。
　この例であれば，直線$\ell$への点Aと点Bからの垂線の足の中点であることは，どの生徒も直観的に想像できるでしょう（ただし，最短経路であることの証明はできません）。
　この点Pは，線分ABの垂直二等分線を作図すれば求めることができます。

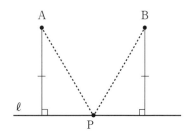

　次に，点Aと点Bが直線$\ell$から異なる距離にある場合を考えます。

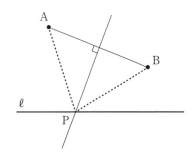

　点Aと点Bが直線$\ell$から等距離にある場合と同じように，線分ABの垂直二等分線を作図すれば求められると考えようとする生徒がいることでしょう。もちろんこれは誤答です。
　数学の学習においては，誤答は非常に重要です。等距離の場合にはうまくいったのに，異なる距離の場合ではなぜダメなのかと課題を深く考えることになるからです。
　また，これが水汲み問題なのか，ビリヤード問題なのかによって，誤答の判断が変わってきます。ビリヤード問題であれば，この図だけで「反射角≠入射角」であることは一目瞭然ですが，水汲み問題の場合は，点Pが別な位置にあるときのAP＋PBの長さを比較してみる必要があります。
　どちらの場合でも，点Pの作図手順は次のようになります。

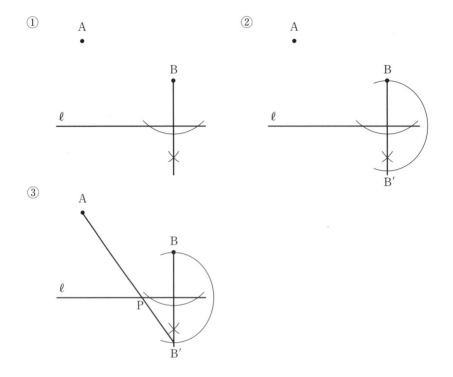

## 3 相似の課題として考える

水汲み問題,ビリヤード問題を相似の課題として考えてみましょう。

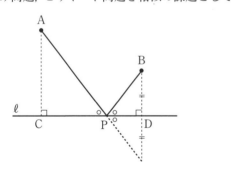
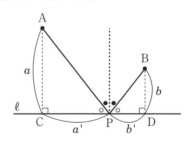

点Aから直線ℓへの垂線の足を点C,同様に点Bからの直線ℓへの垂線の足を点Dとします。点Pは水汲み地点,球のクッション点です。

どちらの場合も,△ACP∽△BDPの関係が成り立っていることがわかります。

つまり,AC：BD = CP：DPとなります。

このことから,平行線と線分の比を用いることで,中学校1年生のときとは別の方法で点Pを作図することができます。その手順を示します。

① 点Aと点Bから直線ℓに垂線を下ろし，それぞれ垂線の足を点C，点Dとします。
② 点Cを通る半直線を引きます（角度は任意です）。

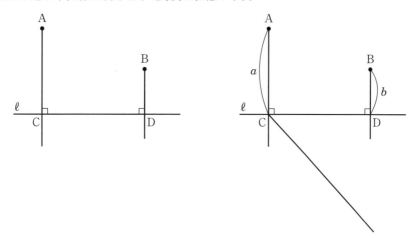

③ 点Cを中心として半径ACとなる円を描きます。円と半直線が交わった点Eを中心として半径BDとなる円を描きます。円と半直線が交わった点を点Fとします。
④ 点Dと点Fを結び，DFと平行で点Eを通る直線を引きます。直線ℓと交わった点がPとなります。

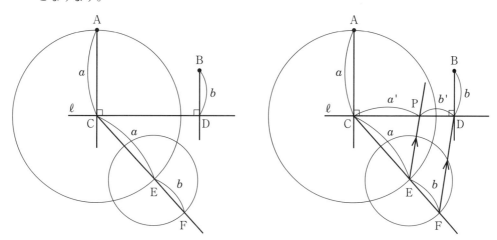

平行線と線分の比の関係から，CE：EF = CP：PDです。
AC = CE，BD = EF より，AC：BD = CP：PDなので，△ACP∽△BDPとなります。

点Bを直線ℓに線対称移動した点を作図する方法に比べ，手数はかなり増えますが，中学1年生の作図の復習にもなり，発展的な課題として非常に興味深いものです。

# 4 関数の課題として考える

　数学的な考え方として,「特殊な場合について考える」というものがあります。先に示した点Aと点Bが直線ℓから等距離にある場合もその一例です。特殊な場合について考えると問題解決の見通しを持ちやすくなる利点がある反面,それが必ずしも一般化できない可能性もあるという欠点もあります。様々な考え方の1つとして,生徒に身に付けさせたいものです。

　点Bを点Aと等距離にある位置に動かすだけでなく,さらに極端な位置である直線ℓ上に動かしてみるのです。

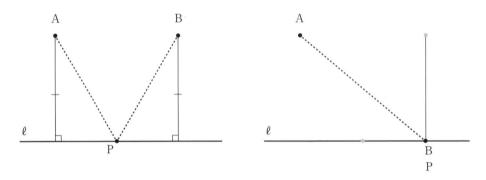

　すると,点Pは点Bと一致することが確認できるでしょう。

　このことから,点Bを下に移動させるにつれて,点Pは右に移動することが予想できます。つまり,点Pの位置は点Bの位置によって一意に決まる関数であると考えることができるのです。点Bの範囲と点Pの範囲を示したのが下の図です。

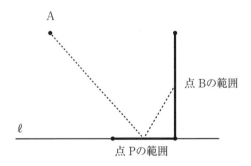

　このような例の場合,2つの数量関係を必ずしも関数の式として表すことにこだわる必要はありません。表に整理したり,グラフなどを用いて図示したりすることが有効な表現の手段となります。

　点Bと点Pが,2つの点の位置が伴って変わる関係にあることを理解することが最も重要です。

## コラム 2

# ■ 教材研究とは

教材研究には次の3つの柱があると考えられます。

① 素材分析
② 子ども分析
③ 指導法分析

素材分析とは，例えば平方根について徹底的に調べるということです。

自然数，小数，分数，整数，無理数など数の拡張はどのように行われてきたのか，さらに複素数としての拡張はどのように行われるのか，などなど……。

素材分析では，自分が今教えようとしている学年で学ぶ内容だけでなく，数学全般にわたってその数学的事項をより広く深く調べる必要があります。また，その際に，いつだれがどんなふうに発見したのかといった，数学史の視点からも調べてみることが重要です。

次に，子ども分析は，子どもの経験や考え方をできる限り想像してみることです。

日常生活の中で子どもが経験していることの中に平方根とつながることはないだろうか，今までの学習の経験を活かせることはないだろうかなどです。このとき，教師自身の経験を思い出すこともとても有効です。

最後に，指導法分析は，どのように教えたらよいかを考察します。

どんな課題を最初に提示するか，どのような教具を使うか，何について話し合わせるかなどの授業での工夫を考えます。

教材研究の3つの柱で最も重要なものはどれでしょうか？

教材研究というと，どのように教えるかという指導法分析と考えている人が多いのですが，最も重要なのは素材分析です。

これから教えようとする素材について広く深い知識がなければ，適切な課題を用意することができません。また，子どもの思いがけない反応や誤答の意味を理解することができなければ子どもを主体とする授業を行うことができません。

# 第3章 対称性（1）
# 図形領域

　建築物や彫刻などでは，均整の取れた形として対称性が採り入れられた作品が多く見られます。線対称と点対称は小学校6年生で学習しますが，生徒にとってはわかりやすい図形の性質と言えるでしょう。この対称性を図形の性質としてだけ捉えるのではなく，様々な分野に広げることによって，数学の見方や考え方を深めることができます。

## 1 様々な図形の学習で対称性に着目する

　中学校1年の平面図形の単元で，「平行移動」「対称移動（線対称移動）」「回転移動（点対称移動をふくむ）」を扱います。
　ここでの学習は，図形の見方や考え方の基礎を養うことがねらいです。様々な図形の学習を進める上で，これらの見方や考え方をどのように授業に採り入れていくかが重要になります。

## 2 中学校1年生

### (1) 立方体の展開図

　立体の展開図を考える学習があります。立方体の展開図は，回転したり裏返したりすると同じになるものを1種類とすると，全部で11種類あります。同じかどうかを弁別するためには，対称性の見方が重要になります。また，できた展開図を対称性によって分類することができます。⋮⋮の2つが線対称で，▨の4つが点対称になります。

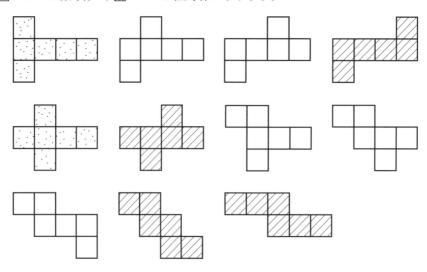

## (2) 平面図形の仲間分け

三角形を点対称移動や線対称移動して，四角形ができることを学習します。その発展として，平面図形をいろいろな観点から仲間分けしてみます。

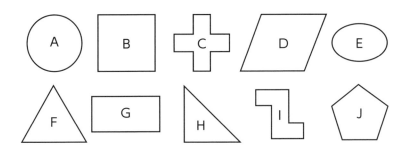

● 三角形と三角形以外の図形

● 四角形と四角形以外の図形

● 曲線で囲まれている図形と直線で囲まれている図形

● 直角がある図形と直角がない図形

● 線対称な図形と線対称でない図形

● 点対称な図形と点対称でない図形

● 対称の軸の数

最終的には，下図のように線対称な図形と点対称な図形をまとめることができます。

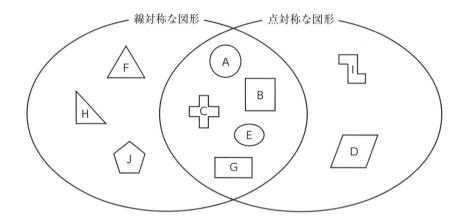

### (3) 角柱・円柱・角錐・円錐

　立体を1つの平面で切断することを考えます。角柱では，底面の形がどんな形であっても，底面に平行な面で高さの半分の位置で切断すれば，必ず切断面に対して対称な2つの角柱ができます。円柱も同様です。

　角錐では，底面に垂直な面で切断したとき，切断面に対して対称な2つの立体ができる場合とできない場合に分かれます。

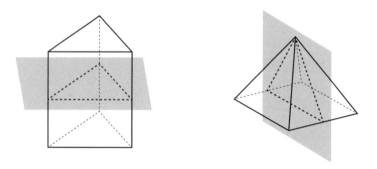

### (4) 回転体

　回転体を回転の軸を含む平面で切断すると，切断された平面は必ず線対称な図形になります。

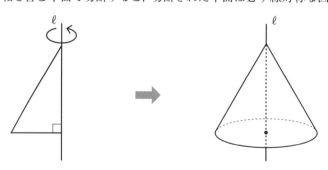

# 3 中学校2年生

## (1) 図形の合同

ぴったり重ね合わせることができる2つの平面図形を合同といいます。2つの平面図形を重ね合わせるイメージをどのようにもつことができるかが重要です。その際に、線対称移動や点対称移動（回転移動）の見方ができると合同な平面図形を見つけやすいでしょう。

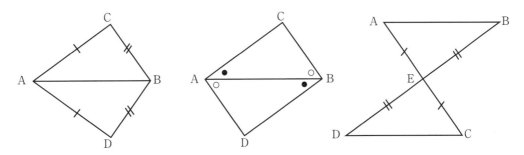

## (2) 二等辺三角形

二等辺三角形は、頂角の二等分線を対称の軸とする線対称な図形です。そのことから、合同の証明においては、線対称な位置にある三角形を見つけることができるかどうかがポイントになります。

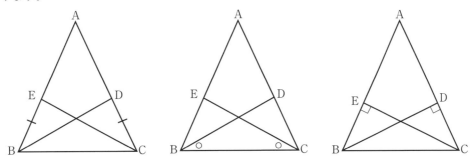

## (3) 平行四辺形

平行四辺形は、2つの対角線の交点を中心とした点対称な図形です。そのことから、合同の証明においては、点対称な位置にある三角形を見つけることができるかどうかがポイントになります。

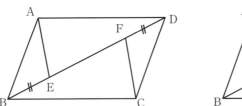 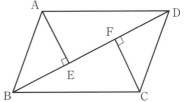

# 4 中学校3年生

## (1) 相似な図形

相似な位置にある2つの図形は，合同な図形の点対称移動と関連させて考えさせると平面図形に対する見方が広がります。

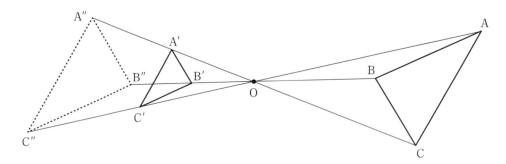

## (2) 円周角と中心角

円周角の定理の証明です。中心Oと中心角との関係で3つの場合に分けられます。

弧AB上を点Pが点Aから点Bまで動くとすると5つの場合とすることもできますが，円の対称性に着目すれば，3つの場合に統合できることがわかるでしょう。

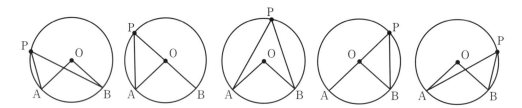

## (3) 三平方の定理

三平方の定理を使って，平面図形のいろいろな長さを求める問題があります。

図形の中に直角三角形をつくる場面で，もとになる図形の対称性に着目させます。

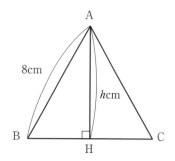 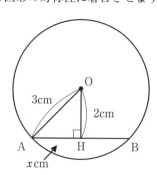

■ コラム3　教科書を比較してみよう

## コラム 3

# ■ 教科書を比較してみよう

37ページで述べた素材分析の方法として、「教科書比較」を取り上げてみます。

日本国内で使用されている中学校数学の検定教科書は、2016年現在7種類です。それぞれの教科書には様々な工夫がされているのですが、1社の教科書を見ているだけではその工夫になかなか気付くことができません。

具体的には、次のような観点で各社の内容を表に整理してみるとよいでしょう。

|  | A社 | …… | G社 |
|---|---|---|---|
| 初見ページ |  |  |  |
| 単元名 |  |  |  |
| 前単元名 |  |  |  |
| 後単元名 |  |  |  |
| 単元の構成 |  |  |  |
| 導入課題 |  |  |  |
| …… |  |  |  |

表に整理できたら、どの教科書にも共通なこと、この教科書にしか書かれていないことなど、相違点について考えます。実際、表を作成している途中で、多くのことに気付くと思います。

比較する視点としては次のようなものが考えられます。

ア　言葉
イ　場面
ウ　数・数字
エ　式
オ　絵・写真・図

相違点が明らかになったら、その理由を考えてみましょう。どうして共通なのか、違いがあるのかという理由の中に、その単元の重要な事柄が詰まっているのです。

Column

43

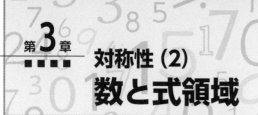

# 第3章 対称性(2) 数と式領域

## 1 対称性の見方を広げる

　正負の数の計算や方程式と図形の学習はまったく別なものと考えている生徒がいます。そのように考えてしまっている生徒ほど,数学が苦手という場合が多いのです。

　確かに方程式を解くことと三角形の合同を使った証明は,学習内容としては別なものですが,数学的な見方や考え方というのは,それぞれの学習内容固有のものだけではなく,どの内容にも共通する部分があります。対称性は生徒にとってわかりやすい考え方だけに,いろいろな分野に応用できるので,よさを感じさせやすいのです。

## 2 中学校1年生

### (1) 正負の数

　負の数まで拡張されたことにより,0を原点として左右に数直線が延びるようになります。
　下に示したようないろいろな図で対称性を感じさせることができるでしょう。
　ここで数直線の対称性をおさえておくと,座標の学習でも活用して考えることができるようになります。

① 原点を中心とした正負の数

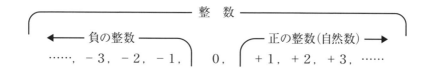

② 数直線

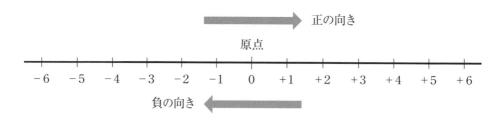

③ 絶対値

原点の位置に鏡を置く。そこから離れた距離と同じ距離だけ鏡の中の像も離れていく。

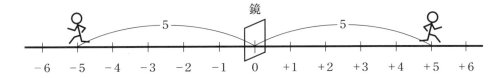

## (2) 交換法則

　　加法　●＋■＝■＋●　　　　乗法　●×■＝■×●

　　減法　●－■≠■－●　　　　除法　●÷■≠■÷●

加法と乗法では，交換法則が成り立ちますが，減法と除法では成り立ちません。

しかし，●－■と■－●の値は，絶対値が等しく符号が逆になります。つまり，数直線上では原点をはさんで線対称の位置になります。

また，●÷■と■÷●の値は，分母と分子が逆，つまり，逆数の関係になっています。

## (3) 魔方陣

縦横斜めのいずれの和も等しくなるように1～9までの数を当てはめます。中心は，1～9の真ん中の数である5になります。

また，同じ模様をつけた数は，5を中心として線対称の位置にある数で，その和は10となります。

| 4 | 9 | 2 |
|---|---|---|
| 3 | 5 | 7 |
| 8 | 1 | 6 |

右の図は，1～9までの魔方陣から5を引いてできた魔方陣です。0を中心として点対称になった位置で符号が逆になっていることがわかります。

| －1 | 4 | －3 |
|---|---|---|
| －2 | 0 | 2 |
| 3 | －4 | 1 |

# 3 中学校2年生

## (1) 式の計算の活用

1～nまでの総和を求める問題です。

いろいろな考え方ができますが，1～nまでの数を順に並べると，下左図のような三角形になることがわかります。これと点対称の位置に，もう1つ同じ三角形を組み合わせると右の長方形ができることから，総和が $\frac{n(n+1)}{2}$ であることを説明することができます。

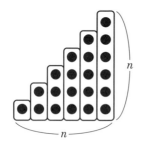
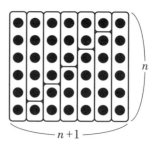

違う見方で，1～9までの総和について考えてみましょう。

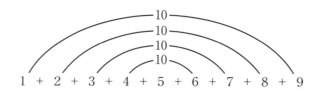

上図のように5を真ん中にして線対称に数を組み合わせていくと10が4つできます。結果，1～9までの総和は45となります。また，総和の45を数の個数9で割ると5になるので，平均は5です。下図のように点対称に数を均していくイメージです。

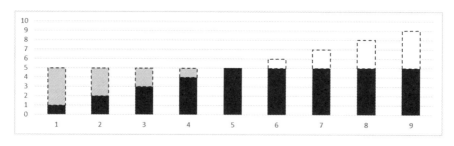

（平均）＝（総和）÷（総数）より，（総和）＝（平均）×（総数）とすれば，数列の対称性から簡単に総和を求めることができます。

つまり，1～99の真ん中は50なので，1～99までの総和は50×99＝4950となります。

小学校で学習した九九表では，いろいろな数のおもしろさを感じることができます。
　乗法の交換法則が成り立つことから，1と81を結ぶ対角線について，線対称の位置に数が並んでいることはすぐにわかるでしょう。

| 1 | 2 | 3 | 4 | 5 | 6 | 7 | 8 | 9 |
|---|---|---|---|---|---|---|---|---|
| 2 | 4 | 6 | 8 | 10 | 12 | 14 | 16 | 18 |
| 3 | 6 | 9 | 12 | 15 | 18 | 21 | 24 | 27 |
| 4 | 8 | 12 | 16 | 20 | 24 | 28 | 32 | 36 |
| 5 | 10 | 15 | 20 | 25 | 30 | 35 | 40 | 45 |
| 6 | 12 | 18 | 24 | 30 | 36 | 42 | 48 | 54 |
| 7 | 14 | 21 | 28 | 35 | 42 | 49 | 56 | 63 |
| 8 | 16 | 24 | 32 | 40 | 48 | 56 | 64 | 72 |
| 9 | 18 | 27 | 36 | 45 | 54 | 63 | 72 | 81 |

　では，81マスの数を全部たすといくつになるでしょうか？　地道に81回たし算をしてもよいのですが，工夫して簡単に答えを出すにはどうすればよいでしょうか。
　そこで，1から9までの総和を求めたように，数列の対称性に着目します。
　一番上の行の1から9の数列の平均は5となります。同様に2行目，3行目，……，9行目のそれぞれの数列の平均は10，15，……，45となります。

| 1 | 2 | 3 | 4 | 5 | 6 | 7 | 8 | 9 |
|---|---|---|---|---|---|---|---|---|
| 2 | 4 | 6 | 8 | 10 | 12 | 14 | 16 | 18 |
| 3 | 6 | 9 | 12 | 15 | 18 | 21 | 24 | 27 |
| 4 | 8 | 12 | 16 | 20 | 24 | 28 | 32 | 36 |
| 5 | 10 | 15 | 20 | 25 | 30 | 35 | 40 | 45 |
| 6 | 12 | 18 | 24 | 30 | 36 | 42 | 48 | 54 |
| 7 | 14 | 21 | 28 | 35 | 42 | 49 | 56 | 63 |
| 8 | 16 | 24 | 32 | 40 | 48 | 56 | 64 | 72 |
| 9 | 18 | 27 | 36 | 45 | 54 | 63 | 72 | 81 |

　各行の平均である真ん中の列の5から45までの数列の平均は25となります。
　つまり，九九表の数列の平均は25と考えることができます。まさに表の中心ですね。
　（総和）＝（平均）×（総数）より，九九表の81個の数の総和は，$25 \times 81 = 2025$となります。

| 1 | 2 | 3 | 4 | 5 | 6 | 7 | 8 | 9 |
|---|---|---|---|---|---|---|---|---|
| 2 | 4 | 6 | 8 | 10 | 12 | 14 | 16 | 18 |
| 3 | 6 | 9 | 12 | 15 | 18 | 21 | 24 | 27 |
| 4 | 8 | 12 | 16 | 20 | 24 | 28 | 32 | 36 |
| 5 | 10 | 15 | 20 | 25 | 30 | 35 | 40 | 45 |
| 6 | 12 | 18 | 24 | 30 | 36 | 42 | 48 | 54 |
| 7 | 14 | 21 | 28 | 35 | 42 | 49 | 56 | 63 |
| 8 | 16 | 24 | 32 | 40 | 48 | 56 | 64 | 72 |
| 9 | 18 | 27 | 36 | 45 | 54 | 63 | 72 | 81 |

## (2) 二元一次方程式

$x, y$ が整数のとき, $x + y = 10$ を満たす $(x, y)$ の組は, 無限にあります。表にしてみましょう。

| $x$ | … | 0 | 1 | 2 | 3 | 4 | 5 | 6 | 7 | 8 | 9 | 10 | 11 | 12 | … |
|---|---|---|---|---|---|---|---|---|---|---|---|---|---|---|---|
| $y$ | … | 10 | 9 | 8 | 7 | 6 | 5 | 4 | 3 | 2 | 1 | 0 | $-1$ | $-2$ | … |

$(x, y) = (5, 5)$ を真ん中にして対称性が見えるでしょうか。一次関数のグラフの対称性にもつながっていきます。

# 4 中学校3年生

## (1) 式の展開・因数分解

### ① 対称式

文字を入れ替えてもまったく同じになる式を「対称式」といいます。

| 入れ替え前 | | 入れ替え後 |
|---|---|---|
| $x + y$ | $\rightarrow$ | $y + x$ |
| $xy$ | $\rightarrow$ | $yx$ |
| $x^2 + y^2$ | $\rightarrow$ | $y^2 + x^2$ |

特に, $x + y$ と $xy$ は基本対称式と呼ばれ, すべての対称式は, 次のように基本対称式の組み合わせで表すことができるという性質があります。

$$x^2 + y^2 = x^2 + y^2 + 2xy - 2xy$$
$$= x^2 + 2xy + y^2 - 2xy$$
$$= (x + y)^2 - 2xy$$

中学校3年生で学習する乗法公式を, 対称式の視点で考えてみましょう。

$$(x + y)^2 = x^2 + 2xy + y^2$$
$$\shortparallel$$
$$(y + x)^2 = y^2 + 2yx + x^2$$
等しいので対称式である
$$(x - y)^2 = x^2 - 2xy + y^2$$
$$\shortparallel$$
$$(y - x)^2 = y^2 - 2yx + x^2$$

$$(x + y)(x - y) = x^2 - y^2$$
$$\neq$$
$$(y + x)(y - x) = y^2 - x^2$$
等しくないので対称式でない

$(x + y)(x - y) = x^2 - y^2$ や $(y + x)(y - x) = y^2 - x^2$ は対称式ではありませんが, $x$ と $y$ を入れ替えて $-1$ をかけると元の式と同じになります。このような式を「交代式」といいます。

48

② 二項展開

$(x+y)^2$の発展として，二項展開について考えてみましょう。

中学校では$(x+y)^n$において$n=2$の場合しか扱われていませんが，順序よく計算していけば$(x+y)^3$や$(x+y)^4$などの展開も行うことができます。

$$(x+y)^2 = x^2 + 2xy + y^2$$

$$\begin{aligned}(x+y)^3 &= (x+y)^2(x+y) \\ &= (x^2+2xy+y^2)(x+y) \\ &= x^3 + 2x^2y + xy^2 + x^2y + 2xy^2 + y^3 \\ &= x^3 + 3x^2y + 3xy^2 + y^3\end{aligned}$$

$$\begin{aligned}(x+y)^4 &= (x+y)^3(x+y) \\ &= (x^3+3x^2y+3xy^2+y^3)(x+y) \\ &= x^4 + 3x^3y + 3x^2y^2 + xy^3 + x^3y + 3x^2y^2 + 3xy^3 + y^4 \\ &= x^4 + 4x^3y + 6x^2y^2 + 4xy^3 + y^4\end{aligned}$$

このように展開された式を見て気付くことを考えさせてみましょう。

すべての項で次数が同じ，係数が左右対称になっていることなどに気付くでしょう。

$x$と$y$の組み合わせと考えることができるので，硬貨の表裏の出方と対比すると，他の単元とのつながりを感じることができる内容になるでしょう。

〈2枚の硬貨〉

〈3枚の硬貨〉

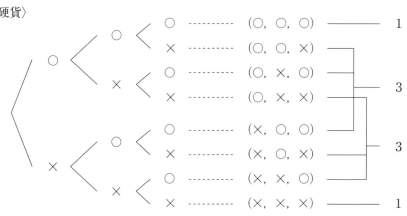

二項展開の係数を三角形状に並べたものをパスカルの三角形といいます。左右対称で美しいですね。

```
                              1
                            1   1
                          1   2   1
                        1   3   3   1
                      1   4   6   4   1
                    1   5  10  10   5   1
                  1   6  15  20  15   6   1
                1   7  21  35  35  21   7   1
              1   8  28  56  70  56  28   8   1
            1   9  36  84 126 126  84  36   9   1
          1  10  45 120 210 252 210 120  45  10   1
        1  11  55 165 330 462 462 330 165  55  11   1
```

それぞれの値を 2 で割った余りを計算してみましょう。そして，余り 0 を □，余り 1 を ■ で塗りつぶします。左右対称の面白い模様ができます。

```
              1
            1   1
          1   0   1
        1   1   1   1
      1   0   0   0   1
    1   1   0   0   1   1
  1   0   1   0   1   0   1
1   1   1   1   1   1   1   1
1   0   0   0   0   0   0   0   1
1   1   0   0   0   0   0   0   1   1
1   0   1   0   0   0   0   0   1   0   1
1   1   1   1   0   0   0   0   1   1   1   1
```

今度は 3 で割った余りを計算します。そして，余り 0 を □，余り 1 を ■，余り 2 を ▨ で塗りつぶします。

```
              1
            1   1
          1   2   1
        1   0   0   1
      1   1   0   1   1
    1   2   1   1   2   1
  1   0   0   2   0   0   1
1   1   0   0   2   2   0   0   1   1
1   2   1   2   1   2   1
1   0   0   0   0   0   0   0   1
1   1   0   0   0   0   0   0   1   1
1   2   1   0   0   0   0   0   1   2   1
```

割る数を変えるときれいな模様が現れて，とても興味深い題材です。表計算ソフトを使うといろいろな場合でシミュレーションすることができるので，チャレンジしてみましょう。

## (2) 平方根

対称式のよさは，平方根の計算でこそ発揮されます。

〔例題1〕　$x = \sqrt{5} + \sqrt{2}$, $y = \sqrt{5} - \sqrt{2}$ のとき，$x^2 + y^2$ の式の値を求めなさい。

（解）

$$x + y = (\sqrt{5} + \sqrt{2}) + (\sqrt{5} - \sqrt{2}) = 2\sqrt{5}$$

$$xy = (\sqrt{5} + \sqrt{2})(\sqrt{5} - \sqrt{2}) = 3$$

したがって，

$$
\begin{aligned}
x^2 + y^2 &= x^2 + y^2 + 2xy - 2xy \\
&= x^2 + 2xy + y^2 - 2xy \\
&= (x + y)^2 - 2xy \\
&= (2\sqrt{5})^2 - 2 \times 3 \\
&= 20 - 6 \\
&= 14
\end{aligned}
$$

$x = \sqrt{5} + \sqrt{2}$, $y = \sqrt{5} - \sqrt{2}$ を，$x^2 + y^2$ に直接代入し，$x^2 + y^2 = (\sqrt{5} + \sqrt{2})^2 + (\sqrt{5} - \sqrt{2})^2$ を計算してもそれほど複雑ではないので，例題1では対称式にするよさはあまり感じられないかもしれません。

〔例題2〕　$x = \sqrt{5} + \sqrt{2}$, $y = \sqrt{5} - \sqrt{2}$ のとき，$x^2 y + xy^2$ の式の値を求めなさい。

（解）

$$
\begin{aligned}
x^2 y + xy^2 &= xy(x + y) \\
&= 3 \times 2\sqrt{5} \\
&= 6\sqrt{5}
\end{aligned}
$$

例題2では，$x = \sqrt{5} + \sqrt{2}$, $y = \sqrt{5} - \sqrt{2}$ のとき，$x^2 y + xy^2$ に直接代入すると，計算がとても複雑になるので，対称式のよさを感じることができるでしょう。

51

# 第3章 対称性(3) 関数領域

## 1 図形領域と数と式領域の融合

　関数領域では，式・表・グラフの3つを使って変化に伴って変わる量を考えていきます。ここでは，今まで見てきた図形領域と数と式領域における対称性の見方が融合します。

　黒田(2000)は，「日本における中学校の幾何教育は ユークリッド原論を基底とした総合幾何が中心となり，そこに座標(解析)幾何や，変換(運動)の幾何が組み入れられるという形を取っている」[1]と述べています。座標に対称性の見方を当てはめると，図形と式の関連を，より一層深めて考えることができるようになります。このような考え方は，高校での本格的な座標(解析)幾何へと続く大変重要な見方・考え方です。

## 2 中学校1年生

① 比例の表…原点に対して線対称に見ると，絶対値が等しく，符号が逆になっている。

| $x$ | … | $-4$ | $-3$ | $-2$ | $-1$ | $0$ | $1$ | $2$ | $3$ | $4$ | … |
|---|---|---|---|---|---|---|---|---|---|---|---|
| $y$ | … | $-12$ | $-9$ | $-6$ | $-3$ | $0$ | $3$ | $6$ | $9$ | $12$ | … |

② 反比例の表…原点に対して線対称に見ると，絶対値が等しく，符号が逆になっている。

| $x$ | … | $-4$ | $-3$ | $-2$ | $-1$ | $0$ | $1$ | $2$ | $3$ | $4$ | … |
|---|---|---|---|---|---|---|---|---|---|---|---|
| $y$ | … | $-3$ | $-4$ | $-6$ | $-12$ | × | $12$ | $6$ | $4$ | $3$ | … |

③ 座標

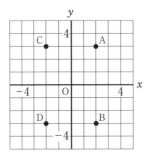 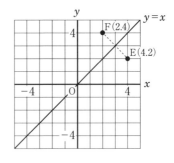

点 $A(x, y)$ と $x$ 軸に対して線対称な点 $B(x, -y)$ 　→　$y$ 座標の符号が逆になる。
点 $A(x, y)$ と $y$ 軸に対して線対称な点 $C(-x, y)$ 　→　$x$ 座標の符号が逆になる。
点 $A(x, y)$ と原点に対して点対称な点 $D(-x, -y)$ 　→　$x$ 座標と $y$ 座標の符号が逆になる。
点 $E(x, y)$ と直線 $y = x$ に対して線対称な点 $F(y, x)$ 　→　$x$ 座標と $y$ 座標の値が逆になる。
上右図の例では，$E(4, 2)$ が $F(2, 4)$ となります。

④ 比例のグラフ

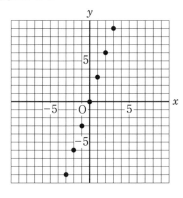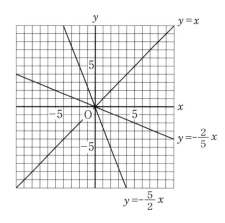

　点$(x, y)$と原点について点対称な点は$(-x, -y)$なので，$y = ax$のグラフと原点について点対称なグラフは$-y = -ax$，つまり，$y = ax$となります。比例のグラフは原点に対して点対称です。

　点$(x, y)$と$x$軸に対して線対称な点は$(x, -y)$なので，$y = ax$のグラフと$x$軸に対して線対称なグラフは$-y = ax$，つまり，$y = -ax$となります。

　点$(x, y)$と$y$軸に対して線対称な点は$(-x, y)$なので，$y = ax$のグラフと$y$軸に対して線対称なグラフは，$y = -ax$となります。

　点$(x, y)$と直線$y = x$に対して線対称な点は$(y, x)$なので，$y = ax$のグラフと直線$y = x$に対して線対称なグラフは$x = ay$，つまり，$y = \frac{1}{a}x$となります。このとき，直線の傾き$a$と$\frac{1}{a}$は，逆数の関係になっています。上右図の例では，$y = -\frac{2}{5}x$のグラフと直線$y = x$に対して線対称なグラフは，$y = -\frac{5}{2}x$となります。

　垂直に交わる2つのグラフの傾きを考えるのも興味深い課題です。垂直に交わる2つのグラフの傾きは，$a$と$-\frac{1}{a}$になります。

⑤ 反比例のグラフ

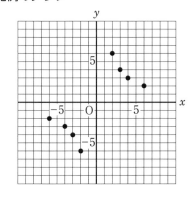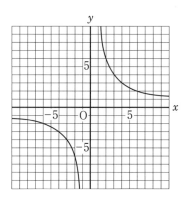

53

点$(x, y)$と原点について点対称な点は$(-x, -y)$なので，$y = \dfrac{a}{x}$のグラフと原点について点対称なグラフは$-y = -\dfrac{a}{x}$，つまり，$y = \dfrac{a}{x}$となります。反比例のグラフは原点に対して点対称になっています。

点$(x, y)$と$x$軸に対して線対称な点は$(x, -y)$なので，$y = \dfrac{a}{x}$のグラフと$x$軸に対して線対称なグラフは$-y = \dfrac{a}{x}$，つまり，$y = -\dfrac{a}{x}$となります。

点$(x, y)$と$y$軸に対して線対称な点は$(-x, y)$なので，$y = \dfrac{a}{x}$のグラフと$y$軸に対して線対称なグラフは，$y = -\dfrac{a}{x}$となります。

点$(x, y)$と直線$y = x$に対して線対称な点は$(y, x)$なので，$y = \dfrac{a}{x}$のグラフと直線$y = x$に対して線対称なグラフは$x = \dfrac{a}{y}$，つまり，$y = \dfrac{a}{x}$となります。つまり，反比例のグラフは，直線$y = x$に対して線対称であるといえます。

# 3 中学校2年生

○ 一次関数のグラフ

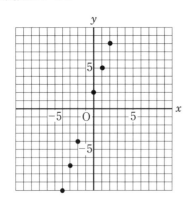 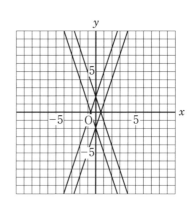

点$(x, y)$と原点について点対称な点は$(-x, -y)$なので，$y = ax + b$のグラフと原点について点対称なグラフは$-y = -ax + b$，つまり，$y = ax - b$となります。

点$(x, y)$と$x$軸に対して線対称な点は$(x, -y)$なので，$y = ax + b$のグラフと$x$軸に対して線対称なグラフは$-y = ax + b$，つまり，$y = -ax - b$となります。

点$(x, y)$と$y$軸に対して線対称な点は$(-x, y)$なので，$y = ax + b$のグラフと$y$軸に対して線対称なグラフは，$y = -ax + b$となります。

$y = ax + b$のグラフを基にして，原点について点対称なグラフ$y = ax - b$，$x$軸に対して線対称なグラフ$y = -ax - b$，$y$軸に対して線対称なグラフ$y = -ax + b$の4つのグラフを描くと，ひし形ができます。このひし形の2つの対角線の交点が原点Oになっています。

このようにグラフの性質を利用すれば，ひし形だけでなく，いろいろな平面図形を一次関数のグラフを使って描くことができるでしょう。

一次関数の傾きや切片の値を入力するだけでグラフを描いてくれるソフトウエアなどを利用すれば，発展的な学習としておもしろい課題になるのではないでしょうか。

## 4 中学校3年生

○ 二乗に比例する関数のグラフ

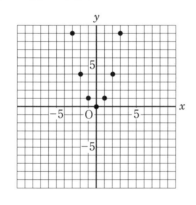 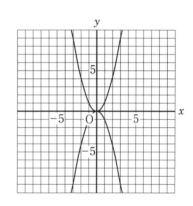

点 $(x, y)$ と原点について点対称な点は $(-x, -y)$ なので，$y = ax^2$ のグラフと原点について点対称なグラフは $-y = a(-x)^2$，つまり，$y = -ax^2$ となります。

点 $(x, y)$ と $x$ 軸に対して線対称な点は $(x, -y)$ なので，$y = ax^2$ のグラフと $x$ 軸に対して線対称なグラフは $-y = ax^2$，つまり，$y = -ax^2$ となります。原点について点対称なグラフと $x$ 軸に対して線対称なグラフは同じになります。

点 $(x, y)$ と $y$ 軸に対して線対称な点は $(-x, y)$ なので，$y = ax^2$ のグラフと $y$ 軸に対して線対称なグラフは $y = a(-x)^2$，つまり，$y = ax^2$ となります。二乗に比例する関数のグラフは，$y$ 軸に対して線対称になっています。

■■ 引用・参考文献

1) 黒田恭史「中学校における幾何教育のあり方について」『佛教大学教育学部論集』，第11号，2000年3月

# 第3章
## 対称性 (4)
# 資料の活用領域

## 1 すべての領域で対称性を

　図形領域，数と式領域，関数領域での対称性に関わる内容を見てきました。資料の活用領域でも，対称性の見方や考え方が有効な場面について考えてみましょう。

## 2 中学校2年生

① 硬貨の表裏の出る確率

　2枚の硬貨AとBを同時に投げるとき，1枚が表でもう1枚が裏になる確率はいくらになるでしょうか。

　起こりうる場合の数を数えるときの工夫として，表や樹形図が用いられます。
　表を〇，裏〇を×として表します。

| A＼B | 〇 | × |
|---|---|---|
| 〇 | (〇, 〇) | (〇, ×) |
| × | (×, 〇) | (×, ×) |

```
  A          B
             〇 ………………  (〇, 〇)
  〇  <
             ×  ………………  (〇, ×)
  ─────────────────────────────────
             〇 ………………  (×, 〇)
  ×   <
             ×  ………………  (×, ×)
```

　対称性に着目すれば，硬貨の枚数が増えても，すべて表が出る確率とすべて裏が出る確率が等しいことや，1枚だけ表が出る確率と1枚だけ裏が出る確率が等しいことは容易に想像できるでしょう。
　20枚の硬貨を投げたときの表と裏の出る確率（表，裏）をグラフにしてみましょう。

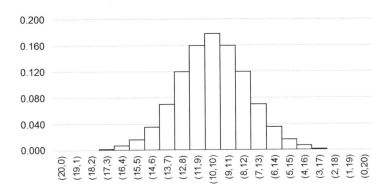

(10, 10)を真ん中として，線対称なグラフになっています。このような分布は，二項分布と呼ばれています。

② サイコロの目の出方

大小２つのサイコロを同時に投げるとき，出る目の和が８になる確率はいくらになるでしょうか。

２つのサイコロを投げるときに起こりうるすべての場合を，下のような表をつくって求めます。

| 大／小 | 1 | 2 | 3 | 4 | 5 | 6 |
|---|---|---|---|---|---|---|
| 1 | (1, 1) | (1, 2) | (1, 3) | (1, 4) | (1, 5) | (1, 6) |
| 2 | (2, 1) | (2, 2) | (2, 3) | (2, 4) | (2, 5) | (2, 6) |
| 3 | (3, 1) | (3, 2) | (3, 3) | (3, 4) | (3, 5) | (3, 6) |
| 4 | (4, 1) | (4, 2) | (4, 3) | (4, 4) | (4, 5) | (4, 6) |
| 5 | (5, 1) | (5, 2) | (5, 3) | (5, 4) | (5, 5) | (5, 6) |
| 6 | (6, 1) | (6, 2) | (6, 3) | (6, 4) | (6, 5) | (6, 6) |

対角線について線対称な表ができます。

正確に確率を求めるためには，場合の数をもれなく重複なく数えることが大切ですが，そのためには対称性への着目が有効であることを生徒に実感させましょう。

第**4**章　オープンエンドと条件変更（1）
# 2桁の自然数の入替問題

　オープンエンドや条件変更は魅力的です。オープンエンドにすることで，意外な性質を生徒が見つけることがあります。また，条件変更は実際に試みないとどのような結果が表れるかがわからないだけに，その過程そのものを楽しむことにもなります。

　教科書などに載っている教材を，時々オープンエンドにしたり条件変更したりしながら，「これは使える！」と思える教材に変わったときの教師の喜びは大きいものです。

## 1　オープンエンドにする

　2年生の「式の計算」の問題として，教科書や問題集等で次のような問題を見かけます。

> 　2桁の自然数と，その十の位の数と一の位の数を入れ替えてできる自然数との和は，11の倍数になります。このことを，文字式を使って説明しましょう。

　「11の倍数になります」の部分を「どのような性質がありますか」とオープンエンドにしてみます。すると，性質そのものを見つける活動から学習が始まります。11の倍数以外の性質を発見する可能性もあります。見つけた性質が正しいかどうかをはっきりさせる必要性も生まれます。

$$
\begin{array}{r} 25 \\ +52 \\ \hline 77 \end{array}
\qquad
\begin{array}{r} 43 \\ +34 \\ \hline 77 \end{array}
\qquad
\begin{array}{r} 55 \\ +55 \\ \hline 110 \end{array}
\qquad
\begin{array}{r} 84 \\ +48 \\ \hline 132 \end{array}
\qquad
\begin{array}{r} 97 \\ +79 \\ \hline 176 \end{array}
\qquad
\begin{array}{r} 99 \\ +99 \\ \hline 198 \end{array}
$$

　これらの計算例から，和には次のような性質がありそうです。イとウはオープンエンドにしたことで新たに見つけそうな性質です。

　　ア　和は11の倍数
　　イ　和が2桁になるとき，（十の位の数）＝（一の位の数）
　　ウ　和が3桁になるとき，（十の位の数）＝（百の位の数）＋（一の位の数）

　和が2桁の自然数の場合は，（百の位の数）が0と解釈すると，性質のイとウは別々のものではなく，統合的に見ることができます。

　ここで，性質のウ（和が3桁になるとき）について文字式を使って考えてみます。

　基の2桁の自然数を $10a+b$ とおくと，入れ替えた自然数は $10b+a$ となります。

$$(10a + b) + (10b + a)$$
$$= 10(a + b) + (a + b)$$

これが3桁になるのは，$a + b \geqq 10$のときです。そこで，上記の式の一の位の数と十の位の数からそれぞれ10を引き，上の位に繰り上げます。

$$10(a + b) + (a + b)$$
$$= 10(a + b + 1) + (a + b - 10)$$
$$= 100 + 10(a + b + 1 - 10) + (a + b - 10)$$
$$= 100 + 10(a + b - 9) + (a + b - 10)$$

百の位の数は1，十の位の数は$(a + b - 9)$，一の位の数は$(a + b - 10)$であり，

（十の位の数）＝（百の位の数）＋（一の位の数）

となります。

## 2 条件変更する

### (1) 変更しない条件と変更する条件

先ほどの問題の条件の一部を変えることを考えます。先ほどの問題は主に次の3つの条件からできています。

・基の数は2桁の自然数

・位の数を入れ替えること

・和を求めること

| | 2桁 | 3桁 | 4桁 |
|---|---|---|---|
| 和 | 11の倍数（原題） | 特徴なし | 特徴なし |
| 差 | 9の倍数 | 99の倍数 | 999の倍数 |
| 和&差 | ・和が2桁の場合は0<br>・和が3桁になる場合は99の倍数（0を含む） | ・和が3桁で，繰り上がりなしの場合は0<br>・和が3桁で，十の位だけが繰り上がる場合は99<br>・和が4桁になる場合は999の倍数（0を含む） | ・和が4桁で，繰り上がりなしの場合と十の位だけが繰り上がる場合は0<br>・和が4桁で，百の位が繰り上がる場合は999<br>・和が5桁になる場合は9999の倍数（0を含む） |
| 差&和 | 99 | 1089 | 10989 |

59

これらの条件のうち，変更しない条件と変更する条件を決めます。ここでは，「位の数を入れ替えること」は変更しないことにします。ただし，3桁以上の数について考える場合，入れ替える数は最も上の位と一の位とします。それ以外の位の数は入れ替えないことにします。そして，「2桁の自然数」は「3桁の自然数」や「4桁の自然数」に変更してみます。また，「和を求めること」は「差を求めること」，「和を求めたあとに，再び入れ替えて差を求めること」（和＆差），「差を求めたあとに，再び入れ替えて和を求めること」（差＆和）に変更してみます。これらの結果を表にすると，前ページの表のようになります。

　これらの中で「差＆和」の場合は，桁数に応じていつも計算結果が同じになる（2桁の場合は99，3桁の場合は1089，4桁の場合は10989）という不思議さがあります。

### (2) 3桁の差＆和

　ここから先は，「3桁の差＆和」を中心に考えていきます。

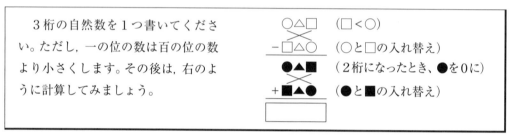

　計算の例です。

|  | | | | |
|---|---|---|---|---|
| 1行目 | 682 | 301 | 563 | 160 |
| 2行目 | －286 | －103 | －365 | －061 |
| 3行目 | 396 | 198 | 198 | 099 |
| 4行目 | ＋693 | ＋891 | ＋891 | ＋990 |
| 5行目 | 1089 | 1089 | 1089 | 1089 |

　2つ補足します。1行目の3桁の自然数には約束事があります。一の位の数は百の位の数より小さくします。これは，差（3行目）が0や負の数にならないようにするためです。次に，上の例示の4つ目のように，3行目の答えが99になった場合は，百の位を0とします。このようにすることで，5行目まで計算を続けることができます。

　1行目にどのような3桁の自然数（ただし，一の位の数は百の位の数より小さい）を考えても，計算の結果（5行目）がいつも同じ数（1089）になることに，大きな驚きがあります。最初の問題（原題）とはかなり異なった問題に変わりました。

### (3) 3行目（差）

3行目（差）は，次の数になります。

99　198　297　396　495　594　693　792　891

すべて99の倍数です。（十の位の数）は9です。（一の位の数）＋（百の位の数）＝9です。

先に示した計算例の中にあるように，3行目（差）が同じ198になっている1行目の数を見ると，301と563です。どちらの数も（百の位の数）－（一の位の数）＝2です。そして，この2に9をかけた18が3行目の百の位と一の位に現れています。

|  | 差は2 | 差は2 | 差は2 | 差は2 |
|---|---|---|---|---|
| 1行目 | 301 | 563 | 472 | 947 |
| 2行目 | −103 | −365 | −274 | −749 |
| 3行目 | 198 | 198 | 198 | 198 |
|  | $2 \times 9 = 18$ | $2 \times 9 = 18$ | $2 \times 9 = 18$ | $2 \times 9 = 18$ |

### (4) 文字式を用いて謎解き

文字式を用いて謎解きをしていきます。基の3桁の自然数を$100a + 10b + c$（ただし，$c < a$）とすると，入れ替えた数は$100c + 10b + a$となります。この2数の差を求めるとき，生徒の多くは次のように計算します。

$$100a + 10b + c - (100c + 10b + a)$$
$$= 99a - 99c$$
$$= 99(a - c)$$

同類項をまとめる学習をしているので，当然のことです。ところが，この式から差が99の倍数であることはわかっても，このままでは，百の位の数と一の位の数を再び入れ替えることができません。差の各位の数がわかるような式表現になっていないからです。

$c < a$のため，具体的な3桁の数で計算したとき，繰り下がりが2箇所ありました。このことに留意して，具体的な計算と比較しながら，改めて次のように計算していきます。

$$100a + 10b + c - (100c + 10b + a)$$
$$= 100(a - c) + (c - a)$$
$$= 100(a - c - 1) + 10 \times 9 + (10 + c - a)$$

こうすることで，差の各位の数は，百の位が$(a - c - 1)$，十の位が9，一の位が$(10 + c - a)$であることがわかります。この数の百の位と一の位の数を入れ替えて，次のように和を計算します。

61

$$100(a-c-1) + 10 \times 9 + (10+c-a)$$
$$+ 100(10+c-a) + 10 \times 9 + (a-c-1)$$
$$= 1089$$

3つの文字 $(a, b, c)$ はすべて姿を消し，1089になりました。


## (5) 別の解き方

$$100a + 10b + c - (100c + 10b + a)$$
$$= 99a - 99c$$
$$= 99(a-c)$$

このことから，2数の差は99の倍数（3桁以下）であることがわかります。そこで，2数の差を改めて $100d + 10e + f$ とおきます。

$$99(a-c)$$
$$= 100d + 10e + f$$
$$= 99d + (10e + d + f)$$

$d, e, f$ の条件から $10e + d + f = 99$ となり，$e = 9$，$d + f = 9$ となります。

このことから，入れ替えた和は次のようになります。

$$(100d + 10e + f) + (100f + 10e + d)$$
$$= 101(d+f) + 20e$$
$$= 101 \times 9 + 20 \times 9$$
$$= 1089$$


## (6) 3つの数 (99, 1089, 10989) の関係

「2桁の差＆和」では99に，「4桁の差＆和」では10989になります。「3桁の差＆和」と同様に，計算の結果がいつも同じになります。おもしろい性質です。

また，これら3つの数 (99, 1089, 10989) についてもう少し学習を深めることもできます。次のように表現すると3つの数は，別々の数ではなく，仲間の数に見えます。

| | |
|---|---|
| $99 = 99 \times 1$ | $99 = 100 - 1 = 110 - 11$ |
| $1089 = 99 \times 11$ | $1089 = 1100 - 11$ |
| $10989 = 99 \times 111$ | $10989 = 11000 - 11$ |

$99 = 100 - 1$ なので，$99 + 99 (99 \times 2)$ を計算すると，99よりも百の位は1つ増え，十の位は9のまま変わらず，一の位は1つ減り，198になります。99を加えることを続けると，次のよ

うに数字の並び順が逆になります。

$$99 \times 1 = \phantom{0}99 \qquad \leftarrow \quad 逆 \quad \rightarrow \qquad 990 = 99 \times 10$$
$$99 \times 2 = 198 \qquad \leftarrow \quad 逆 \quad \rightarrow \qquad 891 = 99 \times 9$$
$$99 \times 3 = 297 \qquad \leftarrow \quad 逆 \quad \rightarrow \qquad 792 = 99 \times 8$$
$$99 \times 4 = 396 \qquad \leftarrow \quad 逆 \quad \rightarrow \qquad 693 = 99 \times 7$$
$$99 \times 5 = 495 \qquad \leftarrow \quad 逆 \quad \rightarrow \qquad 594 = 99 \times 6$$

$1089 = 1100 - 11$ なので，$1089 + 1089$（$1089 \times 2$）を計算すると，1089 よりも千の位，百の位の数は共に1つ増え，十の位，一の位の数は共に1つ減り，2178 になります。1089 を加えることを続けると，次のように数字の並び順が逆になります。

$$1089 \times 1 = 1089 \qquad \leftarrow \quad 逆 \quad \rightarrow \qquad 9801 = 1089 \times 9$$
$$1089 \times 2 = 2178 \qquad \leftarrow \quad 逆 \quad \rightarrow \qquad 8712 = 1089 \times 8$$
$$1089 \times 3 = 3267 \qquad \leftarrow \quad 逆 \quad \rightarrow \qquad 7623 = 1089 \times 7$$
$$1089 \times 4 = 4356 \qquad \leftarrow \quad 逆 \quad \rightarrow \qquad 6534 = 1089 \times 6$$
$$1089 \times 5 = 5445 \qquad \leftarrow \quad 逆 \quad \rightarrow \qquad 5445 = 1089 \times 5$$

同様に，$10989 = 11000 - 11$ なので，$10989 + 10989$（$10989 \times 2$）を計算すると，10989 よりも万の位，千の位の数は共に1つ増え，百の位は9のまま変わらず，十の位，一の位の数は共に1つ減り，21978 になります。10989 を加えることを続けると，次のように数字の並び順が逆になります。

$$10989 \times 1 = 10989 \qquad \leftarrow \quad 逆 \quad \rightarrow \qquad 98901 = 10989 \times 9$$
$$10989 \times 2 = 21978 \qquad \leftarrow \quad 逆 \quad \rightarrow \qquad 87912 = 10989 \times 8$$
$$10989 \times 3 = 32967 \qquad \leftarrow \quad 逆 \quad \rightarrow \qquad 76923 = 10989 \times 7$$
$$10989 \times 4 = 43956 \qquad \leftarrow \quad 逆 \quad \rightarrow \qquad 65934 = 10989 \times 6$$
$$10989 \times 5 = 54945 \qquad \leftarrow \quad 逆 \quad \rightarrow \qquad 54945 = 10989 \times 5$$

数字の並び順が逆になることで，ここに対称性が見えます。

### ■■ 参考文献

松沢要一『こんな教材が「算数・数学好き」にした』，2006年，東洋館出版社
松沢要一「数学のよさと教材研究―教科書の問題を原題にして―」『教科研究 数学 No.187』，2008年，学校図書
松沢要一『中学校数学科 授業を変える教材開発＆アレンジの工夫38』，2013年，明治図書

## コラム 4

# ■ 小・中・高の目標　情意面と態度に注目

　子どもたちは中学校に入学するまでの小学校6年間で，どのような目標の下で展開された算数を学んできたのでしょうか。また，中学校を卒業して高等学校に進学する子どもたちは，どのような目標の下で展開される数学を学習していくのでしょうか。

　小学校と高等学校の間に位置する中学校の数学科教員にとっては，小・中・高の算数・数学の目標を確認しておくことは大切なことです。特に情意面や態度に関連するところ（下線部）に注目しながら，確認してみます。以下の下線は筆者によるものです。

---

**小学校学習指導要領　算数の目標**

　算数的活動を通して，数量や図形についての基礎的・基本的な知識及び技能を身に付け，日常の事象について見通しをもち筋道を立てて考え，表現する能力を育てるとともに，算数的活動の楽しさや数理的な処理のよさに気付き，進んで生活や学習に活用しようとする態度を育てる。

---

**中学校学習指導要領　数学の目標**

　数学的活動を通して，数量や図形などに関する基礎的な概念や原理・法則についての理解を深め，数学的な表現や処理の仕方を習得し，事象を数理的に考察し表現する能力を高めるとともに，数学的活動の楽しさや数学のよさを実感し，それらを活用して考えたり判断したりしようとする態度を育てる。

---

**高等学校学習指導要領　数学の目標**

　数学的活動を通して，数学における基本的な概念や原理・法則の体系的な理解を深め，事象を数学的に考察し表現する能力を高め，創造性の基礎を培うとともに，数学のよさを認識し，それらを積極的に活用して数学的論拠に基づいて判断する態度を育てる。

---

　「楽しさ」，「よさ」，「態度」をキーワードとして，下線部をまとめてみます。

　　「楽しさ」……小：算数的活動の楽しさ

　　　　　　　　　中：数学的活動の楽しさ

「よさ」……小：数理的な処理のよさ

　　　　　中：数学のよさ

　　　　　高：数学のよさ

「態度」……小：進んで生活や学習に活用しようとする態度

　　　　　中：活用して考えたり判断したりしようとする態度

　　　　　高：積極的に活用して数学的論拠に基づいて判断する態度

　小・中とも「算数的活動・数学的活動の楽しさ」とあり，数学的活動については，中学校学習指導要領解説数学編（p.15）では，次の3つを重視するとあります。

・既習の数学を基にして数や図形の性質などを見いだし発展させる活動

・日常生活や社会で数学を利用する活動

・数学的な表現を用いて根拠を明らかにし筋道立てて説明し伝え合う活動

　次に小学校の「数理的な処理のよさ」は，中・高では「数学のよさ」に変わっています。「数理的な処理のよさ」は「数学のよさ」の一部と考えると，小学校学習指導要領解説算数編（p.22）には次の諸点が例示されているので，確認しておきます。

・有用性　　　　・簡潔性　　　　・一般性　　　　・正確性

・能率性　　　　・発展性　　　　・美しさ

　続いて「態度」の部分です。小学校は「活用しよう…」，中学校は「活用して…」，高等学校は「積極的に活用して…」とあり，当然のことながら目標が高まっていきます。さらに，中学校は「…考えたり判断したりしようとする…」，高等学校は「…数学的論拠に基づいて判断する…」と続き，単に活用でとどまらない態度までを目標にしています。

　数学好きな子どもたちを育てていく上で，「楽しさ」，「よさ」，「態度」をキーワードにしながら，教材を工夫したり，授業展開に更なる工夫を加えたりしていきたいものです。

■■ 引用文献

文部科学省『小学校学習指導要領』，p.43，平成20年，東京書籍
文部科学省『中学校学習指導要領』，p.47，平成20年，東山書房
文部科学省『高等学校学習指導要領』，p.53，平成21年，東山書房
文部科学省『小学校学習指導要領解説算数編』，p.22，平成20年，東洋館出版社
文部科学省『中学校学習指導要領解説数学編』，p.15，平成20年，教育出版

Column

# 第5章 動的に見る問題（1）
## 回転移動する2つの相似な図形が作る三角形

## 1 動的に見るよさ

教科書や黒板に描かれた図が動き出すことはありません。

電子黒板などのICTを活用して図を動かすことが推奨されるのは、問題を単純化したり拡張したりするような数学的な見方や考え方につながりやすいからです。

コンピュータのシミュレーションソフトなどを使って、図を動的に見ることを経験すると、様々な図を自分の頭の中で動的に変化させてみようと考えるようになります。

## 2 合同な三角形の問題

> 線分AB上に点Cをとり、AC、BCをそれぞれ一辺とする正三角形ACPとCBQをつくると、△ACQ≡△PCBである。

△CBQを点Cを回転の中心として回転移動しても、同じように△ACQ≡△PCBが成り立つかを考えることができます。△ACQ≡△PCBではなく、AQ＝PBを結論にすることもできます。

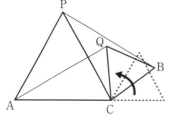
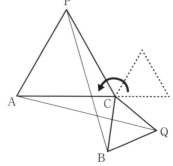

△CBQを回転移動しても△ACQ≡△PCBが成り立つことや、△CBQの位置によって場合分けをすることも数学的な考え方を深めることになります。

第5章■動的に見る問題(1) 回転移動する2つの相似な図形が作る三角形

この問題では△CBQを回転移動させることによって図を変化させていますが，最終的には下図のように点Cを中心として回転移動させた2つの合同な三角形が見えるようになれば，動的な見方ができるようになったと考えることができるでしょう。

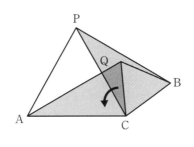
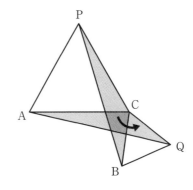

# 3 問題づくり（図形に着目して）

△CBQを回転移動することでいろいろな問題をつくることができますが，更にこの問題を変化させて見ましょう。正三角形を正方形に変えたものです。

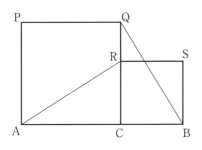
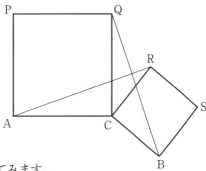

正方形を半分にして，直角二等辺三角形に変えてみます。

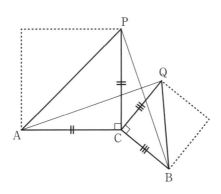

67

直角を別な角度に変えれば，二等辺三角形に変わります。

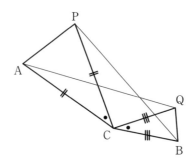

更に，正方形から直角二等辺三角形への逆を考えれば，二等辺三角形からひし形へ変えることもできます。

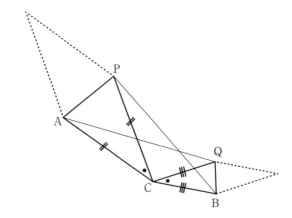

このように図を変化させてみると，すべての場合が下図を基に変化したものであると考えることができます。∠ACP = ∠BCQ = 60°の場合が正三角形，∠ACP = ∠BCQ = 90°の場合が正方形と直角二等辺三角形になります。

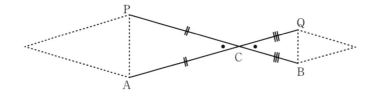

更に，基になっている2つの平面図形が相似な関係にあることがわかります。

合同な図形は相似比が1：1の図形と考えることもできるので，このような例題を通しても合同と相似のつながりを意識させることができます。

3年生の相似の単元で，合同の証明を復習しながら，そこに相似な図形が隠れているという発展的な課題として扱ってもおもしろいでしょう。

# 4 問題づくり（回転の中心に着目して）

回転の中心を変化させても合同な三角形は見つかるでしょうか？
正方形CBSRの2つの対角線の交点C'を回転の中心としたのが下右図です。

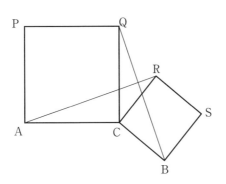
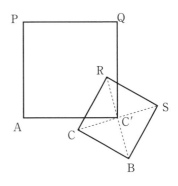

合同な三角形は2組の等しい線分とその間の角が等しいところに隠れています。

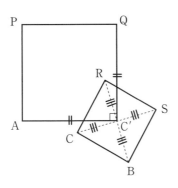
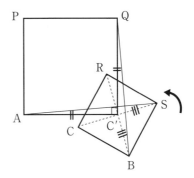

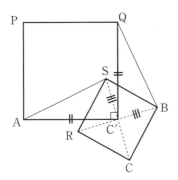
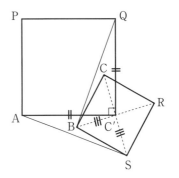

# 第5章 動的に見る問題（2）
## 回転移動する2つの合同な図形が作る三角形

## 1 合同な三角形を回転移動する

相似な2つの平面図形を回転移動すると合同な2つの三角形が見えました。

それならば，逆はどうでしょうか？

合同な2つの平面図形を回転移動すると相似な2つの三角形が見えるかどうか，考えてみましょう。

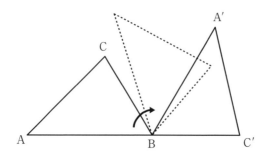

△ABCを点Bを回転の中心として回転移動します。点AとA'，点CとC'を結び，△ABA'と△CBC'を作ります。相似な2つの二等辺三角形が見えてきました。

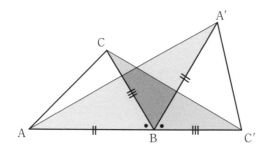

△ABA'と△CBC'において

AB = A'B, CB = C'B より，AB : CB = A'B : C'B　　①

∠ABC = ∠A'BC' より，

∠ABA' = ∠ABC + ∠CBA'，∠CBC' = ∠A'BC' + ∠CBA' なので，

∠ABA' = ∠CBC'　　②

①，②より，2組の辺の比とその間の角が等しいので，

△ABA' ∽ △CBC'

## 2 △A′BC′ を動かす

　△A′BC′を点Bを回転の中心として回転移動してみましょう。

　どの場面でも，2つの相似な二等辺三角形が見えるでしょうか？

　2つの相似な二等辺三角形△ABA′と△CBC′を，点Bを回転の中心として相似の位置まで回転移動するイメージを持つことができれば，動的な見方が深まったといえるでしょう。

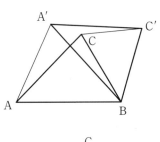
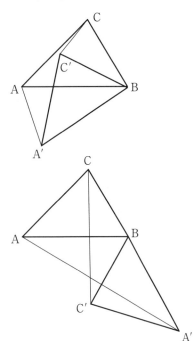
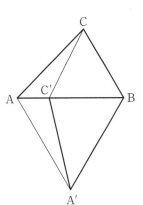

## 3 相似と合同

　動的に見る問題(1)と(2)を通して，違った視点から相似と合同のつながりを感じられたのではないかと思います。今回の問題づくりのアイデアは，相似な図形を回転させる基となった下左図にあります。左図の場合があるならば，右図のような場合はどうだろうかと考えてみたとき，合同から相似が見えてきました。

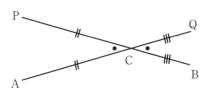
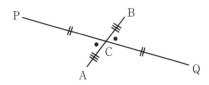

# 第5章 動的に見る問題 (3)
## 平行移動する2つの正方形の重なり方①

## 1 基本の課題

一辺の長さが8cmの正方形PとQを図のように重ねる。重なった辺の長さが$x$cmのときの斜線で囲まれた長方形の面積を$y$cm²とする。$y$を$x$の式で表しなさい。

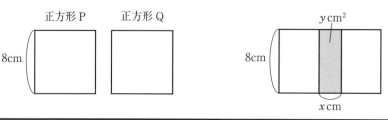

答えは$y = 8x$となり，$y$は$x$に比例します。

関数の学習では，式・表・グラフの3つをどのように関連付けるかが重視されますが，この課題では，図から式を作ればよいだけで，表やグラフの出番はありません。

## 2 動かしてみる

基本の課題をもとに，動かして考える課題に変えてみましょう。動的に見る問題 (1), (2) と異なり，平行移動で考えます。

一辺の長さが8cmの正方形PとQが隣り合っている。正方形Qを動かさず，正方形Pを右方向に水平に毎秒1cmの速さで，2つの正方形がぴったり重なるまで動かす。$x$秒後の2つの正方形が重なる斜線で囲まれた長方形の面積$y$cm²とする。$y$を$x$の式で表しなさい。

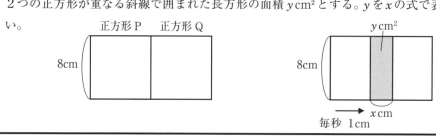

毎秒1cmの速さで$x$秒間に進む長さは$x$cmなので，基本の課題と同じように長方形の横の長さを$x$cmとして，$y = 8x$を求めることもできます。しかし，1つの正方形を動かすことによって，1秒後，2秒後，……の変化のようすを考える必然性が生まれてきます。

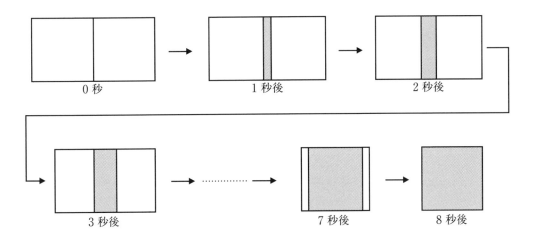

このように図を動かして考える場合は、いきなり式にするよりも表に整理するほうが自然です。

| $x$ | 0 | 1 | 2 | 3 | 4 | 5 | 6 | 7 | 8 |
|---|---|---|---|---|---|---|---|---|---|
| $y$ | 0 | 8 | 16 | 24 | 32 | 40 | 48 | 56 | 64 |

表ができれば、$x$と$y$を座標にしてグラフを描くこともできるでしょう。

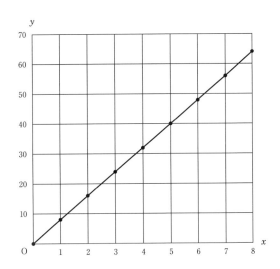

　関数の学習の中で、教師は「表やグラフ、式などいろいろな方法で考えよう」と生徒たちに発問しますが、その課題にいろいろな方法で考える必然性があるのかどうか疑問な場合も多いのです。
　図を動かすということは、関数の学習において「表・グラフ・式」を積極的に活用させるのにとても重要な視点となります。
　この課題を更に発展させてみましょう。

# 3 いろいろな条件を変えられるようにする

正方形PとQのそれぞれの対角線の交点が直線$m$上にあり，それぞれ右方向に水平に移動すると考えます。2つの正方形の辺の長さ，動く速さ，2つの正方形間の距離が変更可能な条件になります。

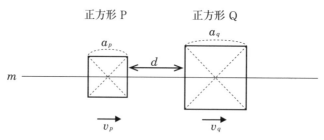

下記のように条件を設定します。

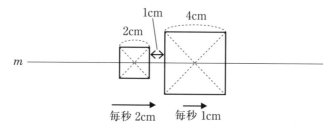

$x$秒後に2つの正方形が重なる部分の面積を$y$すると，$x$と$y$の関係はどのようになるでしょうか。

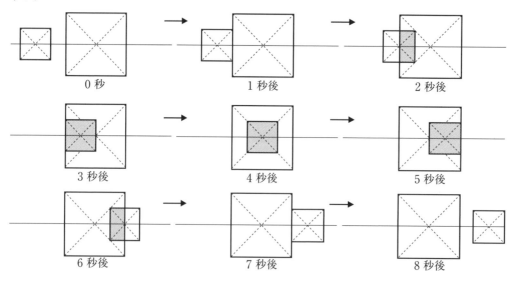

表に整理してみましょう。

| $x$ | 0 | 1 | 2 | 3 | 4 | 5 | 6 | 7 | 8 |
|---|---|---|---|---|---|---|---|---|---|
| $y$ | 0 | 0 | 2 | 4 | 4 | 4 | 2 | 0 | 0 |

グラフを描いてみましょう。

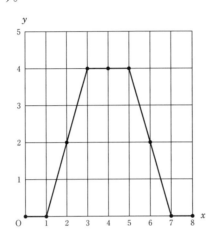

　2つの正方形が動いていくアニメーションを生徒に見せて，2つの正方形が重なる部分の面積の変化を予想させると，ほとんどの生徒が面積は増加して最大になり減少すると答えます。

　実際には，小さな正方形が大きな正方形の中に入って重なるところがあるので，面積が一定になる時間があるところがポイントです。

## 4 更なる追究へ

　2つの正方形の辺の長さ，動く速さ，2つの正方形間の距離を変更すると，$x$と$y$の関係も変わります。変更できる条件が多いので，何か1種類を変更させて，残りの条件は固定して考えさせてもよいでしょう。

① 2つの正方形の辺の長さを変える。

ア　$a_p < a_q$

イ　$a_p > a_q$

ウ　$a_p = a_q$

② 2つの正方形の速さを変える。

ア　$v_p < v_q$

イ　$v_p > v_q$

ウ　$v_p = v_q$

■ 参考文献

実践者（上越市立直江津中学校　小林勇也），第64回北陸四県数学教育研究（上越）大会

# 第5章 動的に見る問題(4)
## 平行移動する2つの正方形の重なり方②

## 1 正方形の向きを変える

動的に見る問題(3)で、正方形の向きを変えたら、どのような変化の仕方をするでしょうか。

> 対角線の長さが8cmの正方形PとQがある。正方形PとQの対角線は直線$m$上にあり、1つの頂点が重なっている。正方形Qを動かさず、正方形Pを右方向に水平に毎秒2cmの速さで動かす。$x$秒後に2つの正方形が重なる部分の面積を$y$cm²すると、$x$と$y$の関係はどのようになるか。

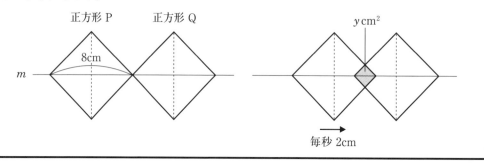

表に整理してみましょう。

| $x$ | 0 | 1 | 2 | 3 | 4 | 5 | 6 | 7 | 8 |
|---|---|---|---|---|---|---|---|---|---|
| $y$ | 0 | 2 | 8 | 18 | 32 | 18 | 8 | 2 | 0 |

重なり始めてから再び重ならなくなるのは、8秒後であることがわかります。

グラフを描いてみましょう。

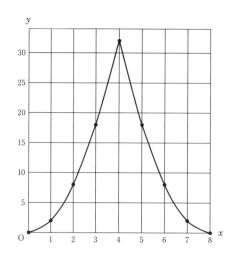

0秒から4秒後までが，$y = 2x^2$の放物線のグラフとなっていることがわかります。

4秒後から8秒後までは，$y = 2x^2$（$0 \leqq x \leqq 4$）のグラフが$x = 4$を対称の軸として線対称移動した放物線のグラフになります。

中学校3年生の段階では，4秒後から8秒後までの$x$と$y$の関係を式に表すことはできませんが，表とグラフを用いることで，放物線は原点を通る場合だけではないことを感じさせることができます。このような学習が，高校の二次関数の学習への橋渡しとなるのです。

## 2 更なる探究へ

正方形の重なる面積を考えると，二乗に比例する関数が現れました。

面積ではなく，重なる対角線の長さの変化に着目すると，どうなるでしょう。

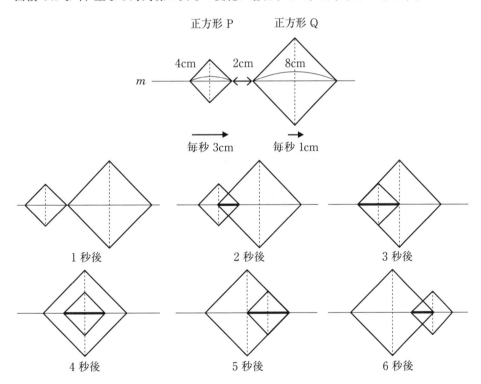

表に整理してみましょう。

| $x$ | 0 | 1 | 2 | 3 | 4 | 5 | 6 | 7 | 8 |
|---|---|---|---|---|---|---|---|---|---|
| $y$ | 0 | 0 | 2 | 4 | 4 | 4 | 2 | 0 | 0 |

動的に見る問題(3)の74ページの課題とまったく同じになりました。

# 第5章 動的に見る問題 (5) ビリヤード問題

## 1 ビリヤード問題を発展させる

反復 (スパイラル) (4) で取り上げたビリヤード問題を別な角度から考えてみましょう。
下線部を変更することによって, どのような問題解決が必要になるでしょうか？

■ビリヤード問題 (原問題)

ビリヤードで球Aを壁に1回だけクッションさせて, 球Bに当てたい。球Aは壁のどこにクッションさせれば, 球Bに当てることができるでしょうか。

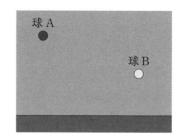

■ビリヤード問題 (発展問題)

ビリヤードで球Aを壁に2回クッションさせて, 球Bに当てたい。球Aは壁のどこにクッションさせれば, 球Bに当てることができるでしょうか。

## 2 問題条件を設定する

問題が複雑になるほど, 最初に問題の条件設定をきちんと行って, スタートを決めておかなければなりません。

今回の場合は, 次のように条件を設定しました。

(1) ビリヤード台は正方形である。
(2) 球Aは, ビリヤード台 (正方形) の2つの対角線の交点Oにある。
(3) 球Bは, ビリヤード台の手前の壁から球Aと等距離で, 右の壁から半分の距離にある。
(4) 球Aは, 最初にビリヤード台の手前の壁に当て, 次に右または左の壁に当てる。

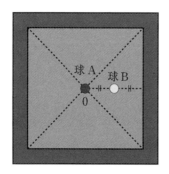
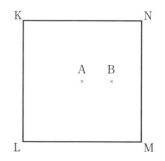

## 3 解答を考える

クッションの際に「反射角＝入射角」という関係が成り立つことは、クッションの回数が1回でも2回でも変わりません。

つまり、下図のように打ち出せばよいことがわかります。

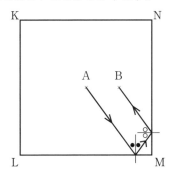

このことから、角の等しいところに着目しながら、相似な図形を考えていくと、下図のような関係になっていることがわかります。

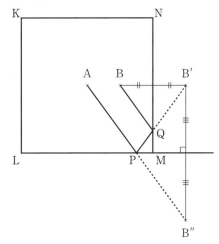

作図の場合には、点Bから辺MNに垂線を引いて点B′を求め、点B′から辺LMの延長線上に垂線を引いて点B″を求めます。

AB″とLMの交点をPとして、PB′とMNの交点をQとします。

## 4 動かして考える

発展問題として、クッションの回数を2回とし、問題が複雑になることを考慮して、最初の条件設定を決めました。

更なる発展として，問題条件をどのように変更することが可能でしょうか？

クッションの回数を3回にする，ビリヤード台を長方形に変える，球Aや球Bの位置を変えるなど，様々な変更が可能でしょう。

ここでは，動かして考える点に着目して，球Bの位置を動かしたときについて考えてみましょう（それ以外の条件は変更しません）。

点Bを△AMN内にあるように動かしたとき，2クッションで当てることができます。

同様に，最初の位置にある点Bを下図のように線対称移動した点Cの位置に移動したとすると，クッションする位置も線対称移動した点になります。つまり，点Cを△AKL内にあるように動かしても，2クッションで当てることができます。

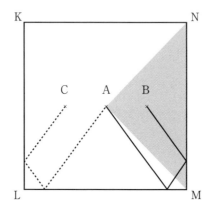

下図のように点Bを△ALM内に移動するとどうでしょうか。

最初にクッションさせるのが辺LMだとすると，2回のクッションで点Bに当てることはできません。2クッションで点Bに当てるには，最初に辺MNまたは辺KLにクッションさせなければなりません。

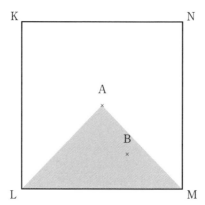

△AKN内に点Bがあるときはどうでしょう。

この場合は，2クッションで当てるには次の2通りの方法があることがわかります。

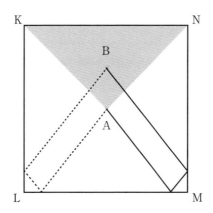

このように2クッションで当てる方法が，点Bの位置によって異なることがわかります。

点Bの位置によって当て方が何通りになるかをまとめると，下図のようになります。

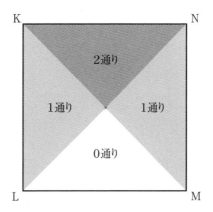

今回の場合は，点Bの位置を動かして考えてみました。

では，点Aを動かすと，当て方はどのように変わるのでしょうか。読者ご自身で考えてみてください。

■■ **参考文献**

実践者（上越市立直江津中学校　中村哲明），第64回北陸四県数学教育研究（上越）大会

# 第5章 動的に見る問題(6)
# 動かない頂点を動かす

## 1　1つの頂点を動かしてみる

　かなり前になりますが，平成2年頃のことです。飯島康之先生（現在は愛知教育大学）が開発された『GC (Geometric Constructor)』を使いながら，何か新しい教材が作れないかとパソコンの画面を見ながら試行していました。4つの矢印キーを使うと，動かしたい点を上下左右に動かすことができます。点が動くたびに，指定した図形の面積を測定して表示したり，角の大きさを表示したりします。おもしろい機能だなと感服していました。

　『GC』にはこのような機能を含め，様々な機能があることを知り，改めて教科書や問題集を見ていたとき，次の問題が目にとまりました。

> 　平行四辺形ABCDがあります。
> △ABCと面積の等しい三角形を
> 探しましょう。
>
>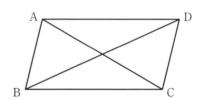

　△ABCと等積になる三角形は△DAB，△DBC，△DCAと3つあります。この理由を説明することも含め，生徒にとって比較的容易な問題です。

　この問題に，『GC』の機能の中の「動かしたい点を動かす」，「その都度，面積を表示する」を使うとどうなるのだろうと思いました。3頂点 (A, B, C) は固定し，1つの頂点 (D) だけは動くようにします。そして，3つの三角形 (△DAB，△DBC，△DCA) の面積を測定し，表示するようにします。4つの矢印キーを動かしてみると，面白い問題になりそうだと感じました。次のように問題をつくりました。

> 　△ABCがあります。3つの三角形
> (△DAB，△DBC，△DCA) の面積を
> 等しくするには，点Dをどこにとった
> らよいでしょう。点Dのおよその位置
> を予想して，作図しましょう。
>
>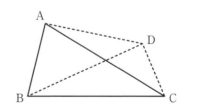

3つの三角形の面積を同時に等積にする点Dの位置を予想することは，かなり困難なことです。しかし，生徒には『GC』を使うかどうかは任せることにしました。このような点Dは，次の図のように4か所にあります。

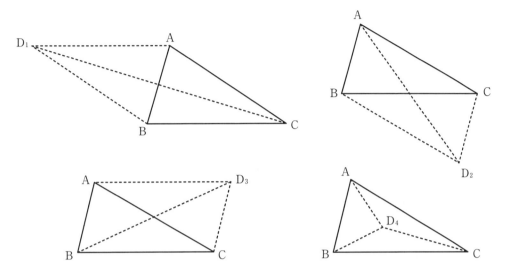

上の図のように，点Dは△ABCの外部に3つ（$D_1$, $D_2$, $D_3$）あります。A, B, CとDとで平行四辺形をつくる場所です。そして，△ABCの内部に1つ（$D_4$）あります。この点は△ABCの重心（生徒は未習）です。仮に『GC』を使ってこれらの点を見つけたとしても，平行四辺形の頂点になる点であることや重心であることまでは，『GC』は表示しません。このことは大変ありがたいことです。見つけたあとに，予想した点の位置が正しいことを説明する必要性が出てくるからです。

## 2 予想した点Dの個数が変わった

授業では，先に示した問題を提示し，最初は『GC』を使わずに点Dのおよその位置を予想することにしました。個々で予想することにしたため，グループで相談する時間は設けませんでした。しばらくして，点Dの位置を1か所も予想できなかった生徒が40名中8名いました。そこで，必要とする生徒は『GC』を使ってもよいことにしました。このあと，『GC』を使って考えていた生徒は19名，途中から『GC』を使わないで考えていた生徒は20名，『GC』をまったく使わずに考え続けた生徒は1名でした。

『GC』を使う前と後で，予想した点Dの個数がどのように変わったのかを表にすると次のようになります。

『GC』使用前後における予想した点Dの個数の変化

|  |  | 『GC』使用後に予想した点Dの個数 |  |  |  |  | 計（人） |
|---|---|---|---|---|---|---|---|
|  |  | 0個 | 1個 | 2個 | 3個 | 4個 |  |
| 『GC』使用前に予想した点Dの個数 | 0個 |  | 5人 |  | 3人 |  | 8 |
|  | 1個 |  | 7人 | 7人 | 10人 | 1人 | 25 |
|  | 2個 |  |  |  | 3人 | 1人 | 4 |
|  | 3個 |  |  |  | 2人 | 1人 | 3 |
|  | 4個 |  |  |  |  |  | 0 |
| 計（人） |  | 0 | 12 | 7 | 18 | 3 | 40 |

　40名の生徒のうち，『GC』を使う前に点Dを1つも予想できないでいた生徒8人も，使用後は，3人が3個，5人が1個の点Dを予想しています。使用前に1個しか予想できなかった25人のうち18人は，さらに他の点Dを予想できました。

　多くの生徒は，△ABCの内部にもう1つの点$D_4$がありそうだと気付いていました。ただ，コンピュータ画面に表示される3つの三角形の面積の値が小数第二位までのため，3つの値を一致させようとすることに時間を要していました。

# 3 このあとの展開

　△ABCの外部に予想した3つの点Dは，「A, B, CとDとで平行四辺形になるところ」と生徒は推測しています。この推測が正しいかどうかをはっきりさせることがこのあとの課題となりました。学級全体としては3通りの方法で証明しました。証明そのものは省略します。

　次に△ABCの内部にありそうな点Dです。重心を学習していないときにこの授業を行いましたので，この点Dの位置をどのように表現するかは，生徒にとって難しいことでした。そこで，次の図を提示しました。点Dを4つとも同時に示した図です。

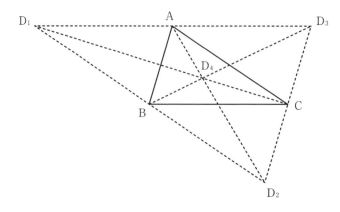

生徒はこの図をしばらく観察してから,「点$D_4$は,$AD_2$,$BD_3$,$CD_1$の交点ではないか」と予想しました。この予想が正しいかどうかを明らかにすることが課題となりました。

　3つの四角形$D_1BCA$,$D_2CAB$,$D_3ABC$はどれも平行四辺形なので,平行四辺形の対角線の性質から,図の中のL,M,Nはそれぞれ AB,BC,CAの中点であることを確認したあとに,証明に取り組みました。生徒は2通りの証明を考えました。ここでは,証明は省略します。

　次に,生徒の「4つの点Dの位置を,A,B,C（動かなかった頂点）を使って言うにはどう言えばよいのか」という疑問に答えるために,次の6組の比を考えることにしました。

$AD_2 : D_2M$
$BD_3 : D_3N$
$CD_1 : D_1L$
$AD_4 : D_4M$
$BD_4 : D_4N$
$CD_4 : D_4L$

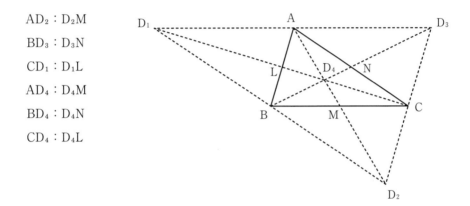

　6組の比がすべて2：1になることがわかり,「数学＝美学なのでは？」と感想を記した生徒もいます。現行の学習指導要領では,重心を扱うことになっていませんが,当時,重心を教えずにこのように授業を展開しましたので,現行の中でも実践は可能です。

　動かない頂点を動かすことで,思いもよらない教材に変わることがあります。図形をこのような視点で観察していくと,おもしろい教材をつくれる可能性がありそうです。

■ 参考文献

松沢要一「数学って美学だ！ —三角形の等積変形から三角形の重心へ（2学年）—」『コンピュータで授業が変わる』,上越教育大学学校教育学部附属中学校著,1991年,図書文化

## コラム 5

## ■ 単元のスタートラインにいない生徒

　新しい単元の学習に入るとき,「よし,今度の単元は頑張るぞ」と意気込む生徒もいると思います。また,そうであってほしいと授業者は願っています。

　しかしながら,数学は系統性が強い教科なので,新しい単元の学習を進めていく上で必要な道具(既習事項)があります。それらの道具が使える状態になっている生徒や必ずしもそうでない生徒もいます。中には予習などをしていて,すでに先を学習している生徒もいるでしょう。このように,新しい単元の学習を始めるときのスタートライン付近を見ると,下図のように,いろいろな位置に生徒がいます。

　そこで,次の **(1)** 〜 **(4)** のようなことが必要になってきます。

### (1) 道具(既習事項)が何かを調べる

　単元の学習を進めていくために必要な道具が何かを調べます。単元にもよりますが,学年が進むほど,この道具は多くなるものと思います。

　授業者自身がていねいに調べ,1つ1つ書き出してみることが大切です。

### (2) 道具(既習事項)のサビ付き状態を調べる

　1つ1つ書き出した道具が仮に5個(A, B, C, D, E)あったとします。生徒が30名いた場合,30名の生徒それぞれの5個の道具の状態を調べます。いつでも使える状態なのか,それともサビ付いている状態なのかです。サビ付いている場合も,すぐにサビ落としができる状態か,それともかなりの時間を要する状態かを見極めることが大事です。このサビ付き状態を,その程度に応じて○・△・×のように記号で表すと便利かもしれません。

　そして,次のような表をつくります。生徒の氏名と調査した道具からなる表です。これに○・△・×の記号を書き込みます。書き込んだ表を見て,サビ付き状態を把握します。横に見れば,個々の生徒の状態がわかります。縦に見れば,個々の道具のサビ付き状態がわかります。

道具（既習事項）のサビ付き状態を把握する表

| | 道具A | 道具B | 道具C | 道具D | 道具E |
|---|---|---|---|---|---|
| 氏　名 | ○ | ○ | ○ | △ | ○ |
| 氏　名 | ○ | △ | ○ | × | ○ |
| 氏　名 | △ | × | ○ | × | ○ |
| 氏　名 | × | × | △ | × | ○ |

### (3) 道具（既習事項）のサビ落としをする

　多くの生徒にとってサビ付いている道具があることがわかり，個別に対応できない場合，単元の最初にサビ落としの時間を設けます。生徒全体の傾向ではないものの，個々の生徒の道具にサビがあれば，落としておかなければなりません。そのままにして新しい単元に入っても，その生徒は道具が使えないことで，その先の学習を放棄してしまうかもしれません。多くの生徒は，自分一人で自分の道具のサビ落としがなかなかできないものです。教師や他の生徒による補助が必要です。

　教室に数学コーナーを設けて，単元の学習に必要な道具をまとめたものを掲示するのも1つの方法です。掲示物は教師が作成することもできますが，教師の指導を受けながら生徒がつくるのもよいと思います。

　単元の学習が進む中で，生徒の状況に応じて，授業の中で改めてサビ落としのための時間を設けることも必要かもしれません。

### (4) すでに先を学習している生徒への対応を考える

　スタートラインにいない生徒の中には，すでに先を学習している生徒もいるかもしれません。

　この単元の道具のサビ付きがまったくなく，本時の学習内容をすでに理解している生徒にとって，退屈な時間にならないようにしたいものです。そのために例えば，

・多様な解き方ができる課題を準備する。

・生徒が課題の一部を変えるなどして，新たな課題をつくり，それを解決する。

・協働的な学習場面を設定する。

などが考えられます。

Column

第**6**章　同じ素材を全学年で使ってみる (1)
# カレンダー

　同じ素材，ここではカレンダーを中1，中2，中3と使ってみることにします。学年が進むにつれて，中1のときには解決できなかったことが中2で解決できたりします。中2で解けなかったことが中3で解けるようになることもあります。カレンダーを使った教材を中1〜中3にうまく配置できると，同じ素材に対する理解の深まりや広がりなどを実感できます。このようなことも学習意欲を高めることにつながります。

## 1 中1向けの教材例

### (1) 4つの数の積の一の位はいくつ？

| | | | | | | |
|---|---|---|---|---|---|---|
| 右のように，正方形の枠が4つの数を囲みながらカレンダーの上を動きます。 | | | | | | |

|  日 |  月 |  火 |  水 |  木 |  金 |  土 |
|---|---|---|---|---|---|---|
| | | | | | 1 | 2 |
| 3 | 4 | 5 | 6 | 7 | 8 | 9 |
| 10 | 11 | 12 | 13 | 14 | 15 | 16 |
| 17 | 18 | 19 | 20 | 21 | 22 | 23 |
| 24 | 25 | 26 | 27 | 28 | 29 | 30 |

　4つの数の積の一の位には，何かきまりがあるでしょうか。

$\begin{array}{|cc|} \hline 1 & 2 \\ 8 & 9 \\ \hline \end{array}$ のとき，$1 \times 2 \times 8 \times 9$ を計算すると，一の位は4です。

$\begin{array}{|cc|} \hline 3 & 4 \\ 10 & 11 \\ \hline \end{array}$ のときは10があるため，4つの数の積の一の位は0です。

$\begin{array}{|cc|} \hline 4 & 5 \\ 11 & 12 \\ \hline \end{array}$ のときは，$4 \times 5 = 20$ あるいは $5 \times 12 = 60$ により，一の位は0です。

$\begin{array}{|cc|} \hline 11 & 12 \\ 18 & 19 \\ \hline \end{array}$ のときは，$\begin{array}{|cc|} \hline 1 & 2 \\ 8 & 9 \\ \hline \end{array}$ のときと同じ結果になります。

　「4つの数の積の一の位」について，例えば次のようなきまりを発見できます。

・0か4になる。

・4つの数の中に10，20，30のどれか1つが入っているとき，0になる。

・4つの数の中に，2数の積の一の位が0になるもの（「4，5」「14，15」「24，25」「5，6」「15，16」「25，26」「5，12」「15，22」「8，15」「18，25」）が入っているとき，0になる。

正の数・負の数の学習後であれば，カレンダーを負の数まで拡張したときでも，見つけたきまりが成り立つかどうかを調べることもできます。

| 日 | 月 | 火 | 水 | 木 | 金 | 土 |
|---|---|---|---|---|---|---|
| … | … | … | … | −14 | −13 | −12 |
| −11 | −10 | −9 | −8 | −7 | −6 | −5 |
| −4 | −3 | −2 | −1 | 0 | 1 | 2 |
| 3 | 4 | 5 | … | … | … | … |

## (2) 斜めの2数の和の比較

右のように，正方形の枠が4つの数を囲みながらカレンダーの上を動きます。
斜めの2数の和を比べると，何かきまりがあるでしょうか。

| 日 | 月 | 火 | 水 | 木 | 金 | 土 |
|---|---|---|---|---|---|---|
|  |  |  |  |  | 1 | 2 |
| 3 | 4 | 5 | 6 | 7 | 8 | 9 |
| 10 | 11 | 12 | 13 | 14 | 15 | 16 |
| 17 | 18 | 19 | 20 | 21 | 22 | 23 |
| 24 | 25 | 26 | 27 | 28 | 29 | 30 |

生徒は斜めの2数の和が等しいことを見つけ，文字式を使って説明します。

その後，正方形の枠が9つの数を囲みながら動くように発展的に考えます。斜めの3数の和や縦・横に並んだ3数の和はすべて等しいことを見つけます。それらが中央の数の3倍であることにも気付くでしょう。

| 日 | 月 | 火 | 水 | 木 | 金 | 土 |
|---|---|---|---|---|---|---|
|  |  |  |  |  | 1 | 2 |
| 3 | 4 | 5 | 6 | 7 | 8 | 9 |
| 10 | 11 | 12 | 13 | 14 | 15 | 16 |
| 17 | 18 | 19 | 20 | 21 | 22 | 23 |
| 24 | 25 | 26 | 27 | 28 | 29 | 30 |

# 2 中2向けの教材例

## (1) 日曜日＋月曜日＝木曜日

右のカレンダーで，日曜日と月曜日の日にちをたすと，木曜日の日にちになります。どうして，こうなるのでしょうか。
他の曜日についても調べてみましょう。

| 日 | 月 | 火 | 水 | 木 | 金 | 土 |
|---|---|---|---|---|---|---|
|  |  |  |  |  | 1 | 2 |
| 3 | 4 | 5 | 6 | 7 | 8 | 9 |
| 10 | 11 | 12 | 13 | 14 | 15 | 16 |
| 17 | 18 | 19 | 20 | 21 | 22 | 23 |
| 24 | 25 | 26 | 27 | 28 | 29 | 30 |

日曜日の日にちは $7m + 3$（ただし，$m = 0$，$1$，$2$，$3$），月曜日の日にちは $7n + 4$（ただし，$n = 0$，$1$，$2$，$3$）と表すことができます。

このとき，

$(7m + 3) + (7n + 4)$

$= 7(m + n + 1)$

となり，7の倍数になるので木曜日になることがわかります。

他の曜日についても，同様に考えることができます。

## (2) 計算練習の計画づくり

> Aさんは計算練習をする日を次のように決めようとしています。
> ・1週〜5週まで，毎週1日とする。
> ・月曜〜金曜の間で，同じ曜日にならないようにする。
> ・その日にちと同じ数だけ練習する。
> 　例えば，右の下線のように選んだ場合，5日間の合計は85問になります。
> 　どのように5日間を選ぶと，最も多くの練習ができるでしょうか。

| 日 | 月 | 火 | 水 | 木 | 金 | 土 |
|---|---|---|---|---|---|---|
|  |  | 1 | 2 | 3 | 4 | 5 | 6 |
| 7 | 8 | 9 | 10 | 11 | 12 | 13 |
| 14 | 15 | 16 | 17 | 18 | 19 | 20 |
| 21 | 22 | 23 | 24 | 25 | 26 | 27 |
| 28 | 29 | 30 | 31 |  |  |  |

示された条件の中で，5日間を選ぶ組み合わせは何通りかあります。何通りあるかを問題にしてもよいかもしれません。

いくつかの場合を調べてみると，いつも5日間の合計が85になることに気付きます。「どうして？」という問いが生まれます。しかも $85 = 17 \times 5$ で，第3週の水曜日（17日）の5倍になっています。「他の月のカレンダーの場合も同じようなことになるのだろうか？」という疑問も生まれます。

（解法例1）

仮に5週とも水曜にするなら　$3 + 10 + 17 + 24 + 31 = 85$　となる。

このうち，どこかの週を水曜から月曜に移動すると，どの週であってもその週の水曜に比べて $-2$ となる。同様に，火曜に移動すると，その週の水曜に比べて $-1$ となる。木曜に移動すると，その週の水曜に比べて $+1$ となる。金曜に移動すると，その週の水曜に比べて $+2$ となる。

90

以上のことから　$85 - 2 - 1 + 1 + 2 = 85$　となる。

**（解法例２）**

　仮に３週の月〜金曜にすべて練習するとしたら　$15 + 16 + 17 + 18 + 19 = 85$　となる。
どの曜日を３週から１, ２, ４, ５週に動かしても, １週に動かした場合は３週に比べて$-14$,
２週に動かした場合は３週に比べて$-7$, ４週に動かした場合は３週に比べて$+7$, ５週に動か
した場合は３週に比べて$+14$となる。

　したがって　$85 - 14 - 7 + 7 + 14 = 85$　となる。

**（解法例３）**

　他の月のカレンダーの場合も含めて考えることとし, ３週の水曜を$n$日とする。

　仮に５週とも水曜にするなら

$(n - 14) + (n - 7) + n + (n + 7) + (n + 14) = 5n$　となる。

　このうち, どこかの週を水曜から月曜に移動すると, どの週であってもその週の水曜に比べ
て$-2$となる。同様に, 水曜から火曜に移動すると, その週の水曜に比べて$-1$となる。木曜に
移動すると, その週の水曜に比べて$+1$となる。金曜に移動すると, その週の水曜に比べて
$+2$となる。

　以上のことから　$5n - 2 - 1 + 1 + 2 = 5n$　となる。

**（解法例４）**

　他の月のカレンダーの場合も含めて考えることとし, ３週の水曜を$n$日とする。

　仮に３週の月〜金曜にすべて練習するとしたら

$(n - 2) + (n - 1) + n + (n + 1) + (n + 2) = 5n$　となる。

　どの曜日を３週から１, ２, ４, ５週に動かしても, １週に動かした場合は３週に比べて$-14$,
２週に動かした場合は３週に比べて$-7$, ４週に動かした場合は３週に比べて$+7$, ５週に動か
した場合は３週に比べて$+14$となる。

　したがって　$5n - 14 - 7 + 7 + 14 = 5n$　となる。

　他にも解き方は考えられそうです。

# 3 中3向けの教材例

「式の計算」の単元で,「多項式の乗法」の導入のとき, 次の問題から始めます。

> 右のように, 正方形の枠が4つの数を囲みながらカレンダーの上を動きます。
>
> 4つの数を $\begin{array}{|cc|} a & b \\ c & d \\ \end{array}$ としたとき,
>
> $bc - ad$ を計算しましょう。

| 日 | 月 | 火 | 水 | 木 | 金 | 土 |
|---|---|---|---|---|---|---|
|  |  |  |  |  | 1 | 2 |
| 3 | 4 | 5 | 6 | 7 | 8 | 9 |
| 10 | 11 | 12 | 13 | 14 | 15 | 16 |
| 17 | 18 | 19 | 20 | 21 | 22 | 23 |
| 24 | 25 | 26 | 27 | 28 | 29 | 30 |

大き目のカレンダーを黒板に掲示します。厚紙でつくった正方形の枠を動かして, 題意を明らかにします。生徒は思い思いの4つの数について, $bc - ad$ の値を求めます。

正方形の枠が上に示した位置にある場合, 次のような計算になります。

$2 \times 8 - 1 \times 9$　　　　　　$4 \times 10 - 3 \times 11$

$= 16 - 9$　　　　　　　　　　　$= 40 - 33$

$= 7$　　　　　　　　　　　　　　$= 7$

生徒が選んだ4つの数と $bc - ad$ の値を板書していくと, 生徒は「どこでも7になりそうだ」と予想します。このことを確かめるために, 次のように $bc - ad$ を1つの文字 (例えば $a$) で表現し, 式を展開します。

$bc - ad = (a + 1)(a + 7) - a(a + 8)$

この式には (多項式)×(多項式) と (単項式)×(多項式) が同時にあります。このことから, (多項式)×(多項式) の計算は, どちらかの (多項式) を (単項式) に置き換えれば計算できそうだという見通しがつきやすいのです。

このアイデアを使い, 例えば $a + 1 = M$ とおいて, 次のように計算し, $bc - ad = 7$ にたどり着きます。

$bc - ad$

$= (a + 1)(a + 7) - a(a + 8)$

$= M(a + 7) - a^2 - 8a$

$= aM + 7M - a^2 - 8a$

$= a(a + 1) + 7(a + 1) - a^2 - 8a$

$= a^2 + a + 7a + 7 - a^2 - 8a$

$= 7$

第6章■ 同じ素材を全学年で使ってみる (1)　カレンダー

こうして，正方形の枠が4つの数を囲みながらカレンダーの上を動いた場合，いつでも $bc - ad$ の値は「7」になることがわかります。

最初に示した問題文は「$bc - ad = 7$ になることを証明しなさい」とはしません。それは「7 になりそうだ」ということを生徒に予想してほしいからです。

続いて，この「7」に注目するようにします。「1週間が7日だから，$bc - ad$ は7になったのだろうか」という疑問を生徒に抱かせたいのです。そうすることで，「1週間が6日なら6で，1週間が8日なら8になるかもしれない」という新たな問題が生まれ，追究は続きます。

---

　1週間が7日のカレンダーのとき，$bc - ad = 7$ でした。1週間の日数が6日や8日のカレンダーをつくり，$bc - ad$ が6や8になるかを調べてみましょう。

---

1週間が6日のカレンダーをつくり，例えば次のような計算をして，$bc - ad$ が6になるかを調べます。

$$3 \times 8 - 2 \times 9 = 6$$
$$5 \times 10 - 4 \times 11 = 6$$

そして，$bc - ad$ を計算していきます。

$bc - ad$
$= (a + 1)(a + 6) - a(a + 7)$
$= a^2 + 7a + 6 - a^2 - 7a$
$= 6$

|    | 1  | 2  | 3  |    |    |
|----|----|----|----|----|----|
| 4  | 5  | 6  | 7  | 8  | 9  |
| 10 | 11 | 12 | 13 | 14 | 15 |
| 16 | 17 | 18 | 19 | 20 | 21 |
| 22 | 23 | 24 | 25 | 26 | 27 |
| 28 | 29 | 30 | 31 |    |    |

1週間が6日のカレンダー

同じようにして，1週間が8日のカレンダーをつくり，$bc - ad$ を求めていきます。

$bc - ad$
$= (a + 1)(a + 8) - a(a + 9)$
$= a^2 + 9a + 8 - a^2 - 9a$
$= 8$

このようにして，1週間が6日なら $bc - ad = 6$，8日なら $bc - ad = 8$ であることがわかります。このことから更に「1週間が $p$ 日なら，$bc - ad = p$ になるかもしれない」と予想する生徒もいます。生徒が予想する場面を大切にしながら，その予想が正しいかどうかを調べる学習を続けます。

---

　1週間が $p$ 日のカレンダーで，$bc - ad = p$ となるかを調べましょう。

---

93

1週間が7日，そして，6，8日のカレンダーの場合を調べているので，1週間が$p$日のカレンダーの場合も，正方形の枠で囲まれた4つの数字の関係は比較的容易にわかります。$b$，$c$，$d$をそれぞれ$a$や$p$を用いて表現し，次のように計算していきます。

$$\begin{array}{|cc|} \hline a & b \\ c & d \\ \hline \end{array} \quad \Longrightarrow \quad \begin{array}{|cc|} \hline a & a+1 \\ a+p & a+p+1 \\ \hline \end{array}$$

$bc - ad$

$= (a+1)(a+p) - a(a+p+1)$

$= a^2 + ap + a + p - a^2 - ap - a$

$= p$

このように，$bc-ad$の値「7」に注目して，新たな疑問が生じるようにしながら，1週間の日数を7日から段階的に$p$日へと一般化していく学習ができます。

　次に，「1週間の日数」以外にも一般化できるものがないかを考えてみます。カレンダーの上を動く正方形に着目します。この正方形は縦に2個，横に2個の数字を囲みながら動きます。そこで，縦に2個，横に3個，計6個の数字を囲む長方形にしてみます。

---

　長方形の枠が6つの数を囲みながらカレンダー（1週間は7日）の上を動きます。4隅の数を$a$，$b$，$c$，$d$として，$bc-ad$を求めましょう。

$$\begin{array}{|ccc|} \hline a & \bigcirc & b \\ c & \bigcirc & d \\ \hline \end{array}$$

---

$bc - ad$

$= (a+2)(a+7) - a(a+9)$

$= a^2 + 9a + 14 - a^2 - 9a$

$= 14$

縦に3個，横に2個の数字を囲む長方形にしても同じ値になります。この後，次のように続けることもできます。

---

　長方形の枠が縦$m$個，横$n$個の数を囲みながらカレンダー（1週間は7日）の上を動きます。

　4隅の数を$a$，$b$，$c$，$d$として，$bc-ad$を求めましょう。

---

94

$b = a + n - 1$, $c = a + 7(m - 1)$, $d = a + 7(m - 1) + n - 1$ となります。

$n - 1 = N$, $7(m - 1) = M$ とおくと, $b = a + N$, $c = a + M$, $d = a + M + N$ となり, これらを $bc - ad$ に代入して計算します。

$$
\begin{aligned}
bc - ad &= (a + N)(a + M) - a(a + M + N) \\
&= a^2 + aM + aN + MN - a^2 - aM - aN \\
&= MN \\
&= 7(m - 1)(n - 1)
\end{aligned}
$$

$n - 1 = N$, $7(m - 1) = M$ とおくことで, 複雑に見えた計算が少しは楽にできます。置き換えることのよさを改めて実感できます。

ここまで「$bc - ad = 7$」を2つの方向(1週間の日数, 枠が囲む数の個数)で条件変更や一般化をしました。下図のようにまとめると,「1週間が $p$ 日で, 枠が縦 $m$ 個, 横 $n$ 個の数を囲む」ことまで追究することも可能です。

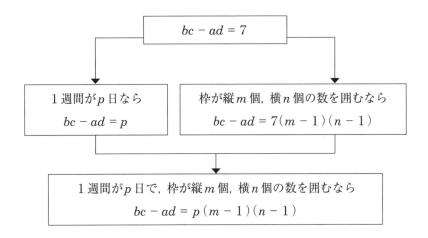

生徒が一般化への意識の高まりをもって取り組むようであれば, その学習を可能にする場面を積極的に設定したいと考えます。

■■ 参考文献

松沢要一「問題を発展させたり, 諸性質の関連を考察したりする授業」『算数・数学科における Do Math の指導』, 古藤怜, 上越数学教育研究会Σ会著, 1991年, 東洋館出版社
松沢要一『中学校数学科 授業を変える教材開発＆アレンジの工夫38』, 2013年, 明治図書

# 第6章 同じ素材を全学年で使ってみる(2)
# ピラミッド

　教材を中1〜中3にうまく配置できると，同じ素材に対する理解の深まりや広がりなどを実感できます。また，中1の段階でオープンな課題として扱うことで，次の学年の学習を予感させることができます。
　ここでは，正方形をピラミッド状に積み重ねていく課題(以下，ピラミッド課題)について取り上げることにします。

## 1 ピラミッド課題

1辺が1cmの正方形を1段，2段，3段とピラミッド状に積み重ねていきます。
このとき，段数が変わるとそれに伴って何が変わるでしょう。

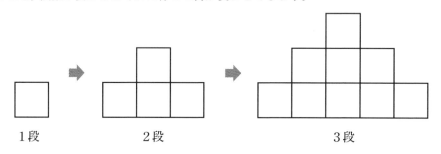

1段　　　2段　　　　　　3段

　この課題の場合，上のような図を一気に見せるよりも，1段→2段→3段と順に変化していく様子をプレゼンテーションソフトなどで表示すると，変化するイメージを持たせやすくなります。

## 2 段数の変化に伴って変わる量

　学年を限定するのであれば，教師が最初から伴って変わる量を示すことも考えられますが，数量関係の学習では，生徒自らが様々な変数に着目する視点を育てることが重要です。
　ここでは，最終的に変化の仕方が同じであっても，着目する視点が違うことについて，生徒の説明を十分に聞き取る必要があります。
　例えば，「正方形の数」と「全部の面積」では，段数に伴う変化の値はまったく同じです。このような違いを活かすことによって，生徒は自分の意見が取り上げられたと感じ，それが次の意欲につながっていくのです。

第6章■ 同じ素材を全学年で使ってみる（2） ピラミッド

段数を $x$，伴って変わる量を $y$ として，例を示します。

■辺の数

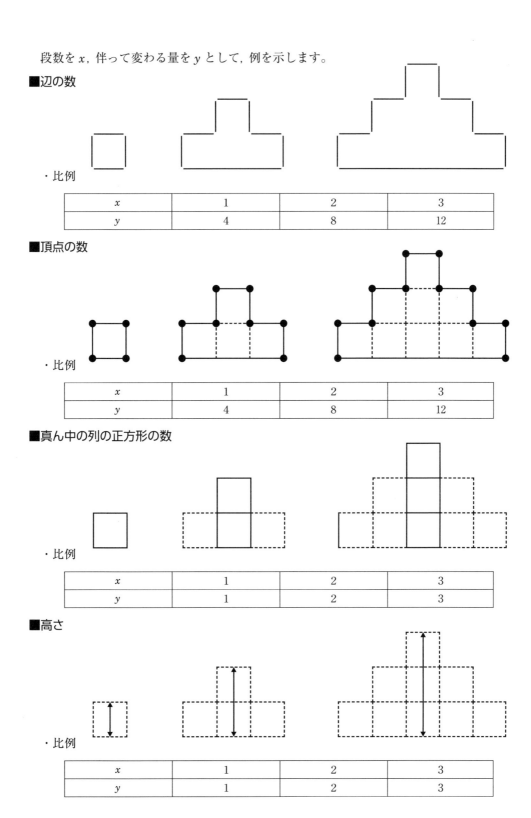

・比例

| $x$ | 1 | 2 | 3 |
|---|---|---|---|
| $y$ | 4 | 8 | 12 |

■頂点の数

・比例

| $x$ | 1 | 2 | 3 |
|---|---|---|---|
| $y$ | 4 | 8 | 12 |

■真ん中の列の正方形の数

・比例

| $x$ | 1 | 2 | 3 |
|---|---|---|---|
| $y$ | 1 | 2 | 3 |

■高さ

・比例

| $x$ | 1 | 2 | 3 |
|---|---|---|---|
| $y$ | 1 | 2 | 3 |

■直角の数

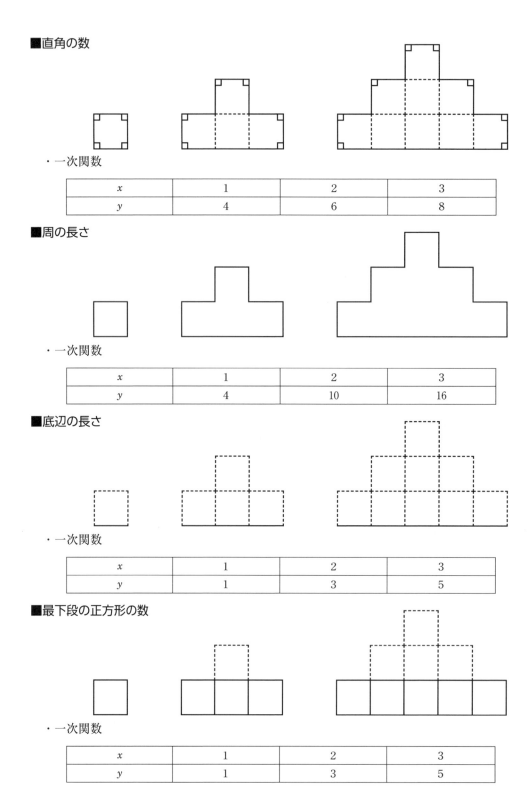

・一次関数

| $x$ | 1 | 2 | 3 |
|---|---|---|---|
| $y$ | 4 | 6 | 8 |

■周の長さ

・一次関数

| $x$ | 1 | 2 | 3 |
|---|---|---|---|
| $y$ | 4 | 10 | 16 |

■底辺の長さ

・一次関数

| $x$ | 1 | 2 | 3 |
|---|---|---|---|
| $y$ | 1 | 3 | 5 |

■最下段の正方形の数

・一次関数

| $x$ | 1 | 2 | 3 |
|---|---|---|---|
| $y$ | 1 | 3 | 5 |

■270°の角の数

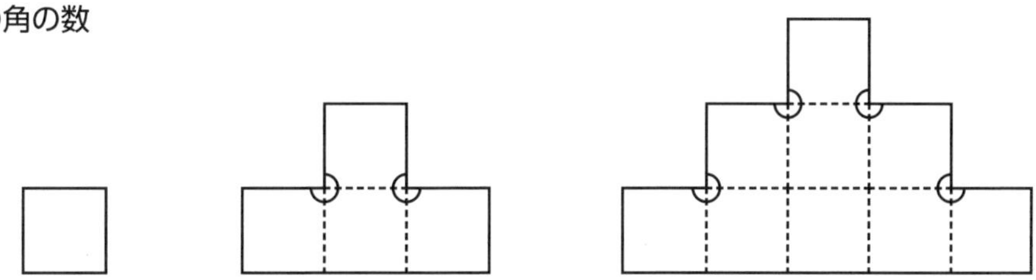

・一次関数

| $x$ | 1 | 2 | 3 |
|---|---|---|---|
| $y$ | 0 | 2 | 4 |

■正方形の数，全体の面積

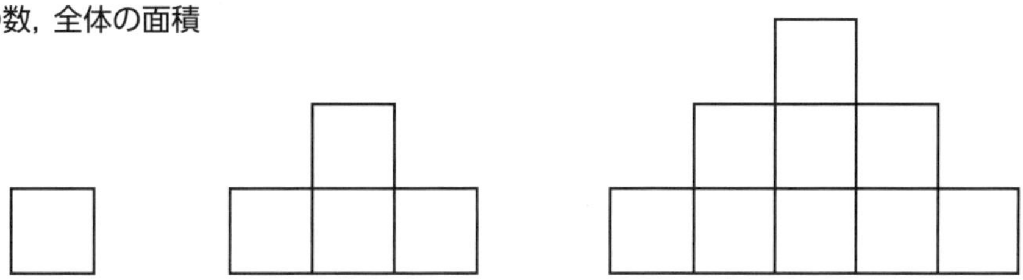

・2乗に比例する関数

| $x$ | 1 | 2 | 3 |
|---|---|---|---|
| $y$ | 1 | 4 | 9 |

■＋字になっている部分の数

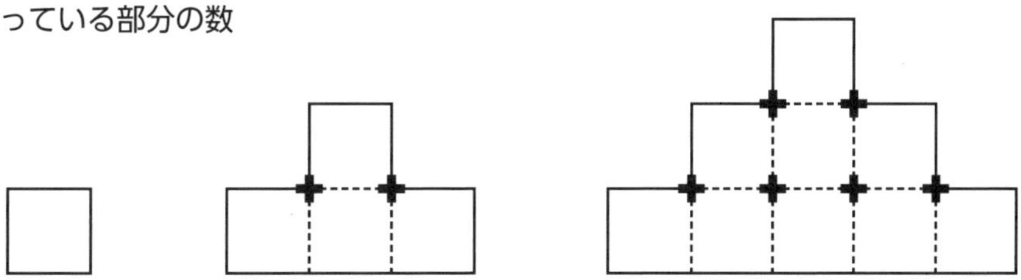

・二次関数

| $x$ | 1 | 2 | 3 |
|---|---|---|---|
| $y$ | 0 | 2 | 6 |

■長方形にするために必要な正方形の数

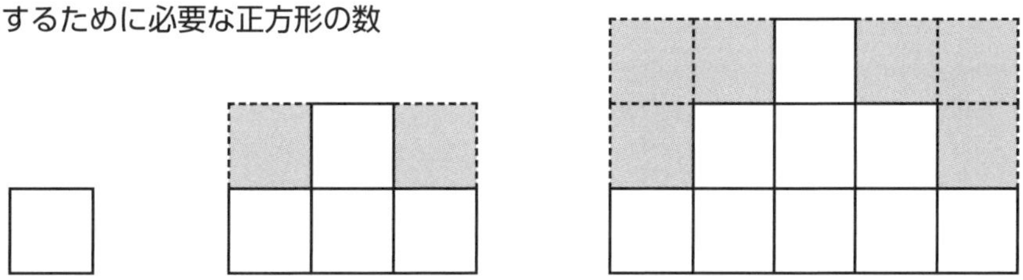

・二次関数

| $x$ | 1 | 2 | 3 |
|---|---|---|---|
| $y$ | 0 | 2 | 6 |

# 3 いろいろな関係を対比することと次学年の学習への予感

　ピラミッド課題では，比例，一次関数，二乗に比例する関数といった中学校で学ぶ関数だけでなく，二次関数も見つけることができます。

　中1では本格的に関数の学習を行う入り口として比例を扱います。比例は小学校でも学習した内容ですが，数の範囲が負の数にまで拡張されます。

　この入門段階で大切にしたいことは，伴って変わる2つの量に着目するという点です。そして，その変化の仕方にいろいろな違いがあることに気付かせることです。

　例えば次のような比例の例について，生徒にどんなことに気付くかと問うと，次のように答えます。

| $x$ | 1 | 2 | 3 |
|---|---|---|---|
| $y$ | 4 | 8 | 12 |

　①　$x$の値が2倍，3倍，……になると，$y$の値も2倍，3倍，……になる。
　②　$y$の値が4ずつ変化している。
　③　$x$の値を4倍すると，$y$の値と等しくなる。

　①が比例の定義ですが，②の規則に気付く生徒が多くいます。このような生徒に，比例の例だけを示しておいて，①が成り立つときを比例というと説明しても，②が成り立つときも比例と考えてしまうのです。

　②は成り立つが①が成り立たない例，つまり一次関数の例を示すことによって，比例について本当に理解することになるのです。

　中1の段階で一次関数の式やグラフまで学習する必要はありませんが，変化の仕方が異なることに気付かせることにより，その学年での学習が確実に定着するとともに，次の学年の学習を予感させ，数学に対する興味や関心を継続させることができると思います。

## コラム 6

### ■ 類似問題を集めてみよう

素材分析の方法として、「類似問題の収集」を取り上げてみます。

教科書に載っている課題は作成の段階で非常に多くの類似課題の中から選定されたものです。しかし、どのような類似課題から選定されたものなのかは、教科書の課題だけではわかりません。類似課題を多く集めることで、教科書の課題の持つ特徴が明らかになってきます。

そうすることで、目の前の生徒にとってより良い課題を考えることができたり、類似問題を発展的に扱ったりすることができ、授業構想や単元の指導計画が立てやすくなります。

例えば、学校図書1年生の教科書「文字式」の冒頭では次のような課題が示されています。

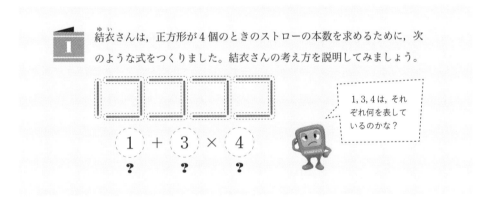

これはストローを正方形につないでいく例ですが、文字式の利用のところでは、正三角形にする例が示されています。他にも、碁石を規則正しく並べる課題や正方形を規則正しく並べる課題など、様々な例があります。

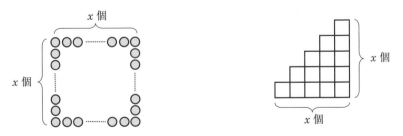

最近ではスキャナーやデジタルカメラなどで簡単に記録することができるので、デジタルデータとして保存し、フォルダごとに整理することも良い方法です。ただし、出版物には著作権がありますので、その取り扱いには十分に注意しましょう。

# 第7章 ICT活用（1）
# プレゼンテーションソフトを使ったアニメーション提示

## 1 アニメーションを用いた数学の概念理解

　数学の概念には図を動かして考えるとわかりやすいことがたくさんあります。また，動的に見る問題でも示したように，問題の条件を変更する一つの手段として図を動かして考えることは，数学的な考え方としてもとても重要です。

　しかし，教科書の図は実際に動かしてみることができないので，具体的にどのように動くかをイメージすることが難しいのです。図が変化していくアニメーションを見ることによって，静止画で示されている図からも動的なイメージを持つことができ，問題解決に有効に働くことが期待できます。

## 2 ICTを活用したアニメーション提示

　コンピュータなどのICTを活用すれば，教科書などの教材だけではわかりにくかった概念をわかりやすく提示することができます。

　最近では，Web上に様々なデジタル教材が公開されており，授業で自由に使える状況が整ってきました。また，教科書会社で作成されたデジタル教科書が導入されている学校も増えてきました。このような既成の教材を有効に活用することは，授業準備時間の節約になるので，ぜひ有効に活用したいものです。

## 3 アニメーション提示が有効な教材

　アニメーションを用いて動的なイメージを持たせることが有効な学習内容としては，大きく次の2つが考えられます。

① 図形の移動や拡大・縮小，関数のグラフなどの，基礎的な学習内容

② 図形と関数の融合問題などの，発展的な学習内容

　基礎的な学習内容では，基本的な原理や仕組みをアニメーションで見ることによって，学習者が具体的なイメージを持つことができるようになることが重要です。

　発展的な学習内容では，複雑な問題設定の状況をアニメーションで見ることによって，学習者が課題を正確に把握できるようになることが重要です。これにより，問題解決への見通しが持ちやすくなります。

# 4 プレゼンテーションソフトを使った自作アニメーション教材

タブレット端末が導入される学校も増加し,デジタル教科書も普及してきてはいますが,自分の学校には入っていないからとあきらめてはいませんか。また,教科書の問題の数値を変更して考えさせたいとき,既成のデジタル教材にはぴったりのものがないとがっかりしたことはないでしょうか。プレゼンテーションソフトを使えば,簡単に自作のアニメーション教材を作成することができます。

基準となる図を作成し,コピーしては少しずつ動かしていきます。パラパラアニメーションと同じ原理です。MicrosoftのPowerPoint®を例に示しますが,どのプレゼンテーションソフトでも同じことができるでしょう。

＜三角形の拡大＞

① 基準となるスライドを作成する

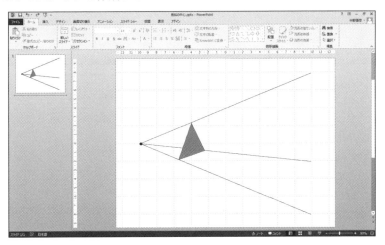

② 基準となるスライドを複製する

③ 複製したスライドを修正する

三角形を150%拡大して相似の位置に移動します。

より細かなアニメーションを行うには，倍率を110%などにします。

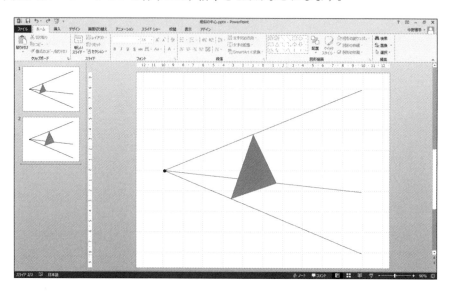

④ スライドの複製と修正を繰り返す

スライドの複製と修正を繰り返して，複数のスライドを作成していきます。どの程度の枚数のスライドが必要なのかは実際に作成し，再生して確認しましょう。

それほど細かく動かさなくても，人間の目はきちんと間を補完してくれるので，動いているように見えるものです。

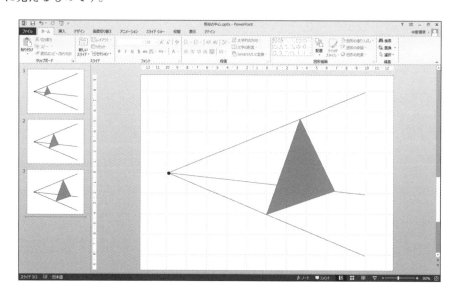

<動点の問題>

　図形の動点の問題は，問題文を読んだだけでは理解しにくい学習内容の1つです。
　問題の条件が複雑で，動点の位置によって場合分けが必要なことなどから，解決の見通しが持てない生徒が多くいます。

---

　1辺が8 cmの正方形ABCDがあります。点Pは，秒速2 cmで周上をBからCを通ってDまで動きます。点Qは，点Pと同時に出発して，秒速1 cmで辺BA上をBからAまで動きます。点P，QがBを出発してから$x$秒後の△BPQの面積を$y$cm$^2$とするとき，次の問いに答えなさい。
　(1)　$0 \leqq x \leqq 4$のとき，$y$を$x$の式で表しなさい。
　(2)　$4 \leqq x \leqq 8$のとき，$y$を$x$の式で表しなさい。

---

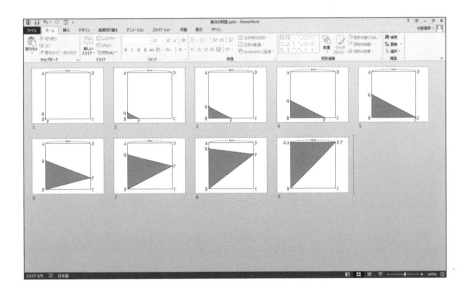

# 5　提示する場面を吟味する

　視覚的な提示は学習内容の定着に効果があると言っても，ただ，アニメーションを作って見せればよいというのではありません。より理解を深めるためにはどのような図にすればよいのか，授業のどの場面で見せるかなどを考えることは，とても重要な教材研究であり，効果的な授業の第一歩となります。
　課題提示の場面で最初に見せるのか，課題解決の場面でヒントとして提示するのかなど，授業の流れの中で具体的な場面を想定しながら，教材を作成して使ってみましょう。

# 第7章 ICT活用(2) プレゼンテーションソフトを使ったフラッシュカード型教材

## 1 フラッシュカード型教材を用いた基礎的な知識や技能の定着

　知識や技能の習得には，繰り返し学習を行うことがとても重要です。そんなときに気軽に使えるのがフラッシュカード型教材です。英単語を次々と表示して発音するカードがその代表でしょう。数学でも，暗算でできるような計算問題などを，プレゼンテーションソフトでフラッシュカード型教材として作成することができます。

## 2 数学におけるフラッシュカード型教材

＜正の数・負の数の加法＞

(1) 問題スライドを作成する

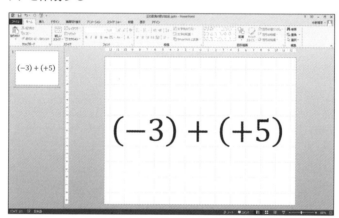

(2) 解答スライドを作成する

単に問題を次々に提示するだけではなく,問題の次に答えを表示すると,即時フィードバックが与えられることになり,学習内容の定着を図ることができます。

<文字式の乗法>

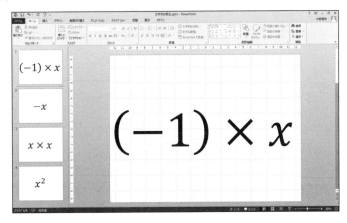

<平方根>

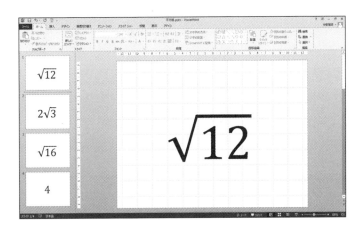

このように基礎的な計算問題などをデジタル教材にしておくことによって,中学校1年生用に作成したものが中学校3年生で利用できるなど,学年を超えて活用することができます。

# 第7章 ICT活用(3) 液晶プロジェクタで黒板に教材を提示

## 1 デジタルとアナログの良いとこ取り

　数学の授業では，文字や式，表や図などの提示に黒板は欠かせないものですが，チョークで図を正確にたくさん描くには大変な労力がかかります。一方，コンピュータを使えば図を正確にたくさん表示させることができます。

　最近では教室に電子黒板が整備されている学校も多くなってきましたが，全国的にはまだまだ整備が進んでいるとは言えません。コンピュータや液晶プロジェクタなどのデジタル機器と，どの教室にもあって日常的に利用している黒板の両方の良さを授業に取り入れてみましょう。

## 2 数学で利用する様々な図を作成するソフトウエア

　座標や数直線などを簡単に作り，プリントとして利用したり，液晶プロジェクタで表示することができるProjectorXというソフトウエアを使ってみましょう。

　方眼，グリッド，斜方眼，円，時計，画像，数直線，俵の8つのモードがあります。モードを選択し，数値を変えるだけで，様々な図を描くことができます。

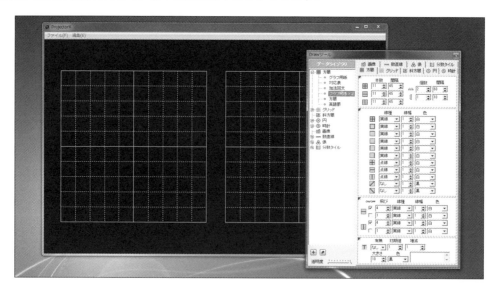

　黒背景にして，黒板に投影した上からチョークで文字などを書き足すことができます。

　例えば，一次関数のグラフの学習では，切片の値が同じ直線は$y$軸上の同じ点を通ることや，傾きが同じ直線は平行になることを学習します。

このような場面では，それぞれの性質を単独で見せるのではなく，2つを同時に提示することで，より深い理解につなげることができます。しかし，実際には複数の方眼黒板を用意するのは面倒だったり，生徒の実態に合った大きさの目盛りをもつ方眼黒板が学校にないこともあります。

ProjectorXでは，方眼の数や同時にいくつの図を提示するかなどを細かく設定することができるので，教師の授業展開や生徒の実態に合わせて図を作成することができます。一度作成した図の設定は保存することができるので，再利用することも簡単にできます。

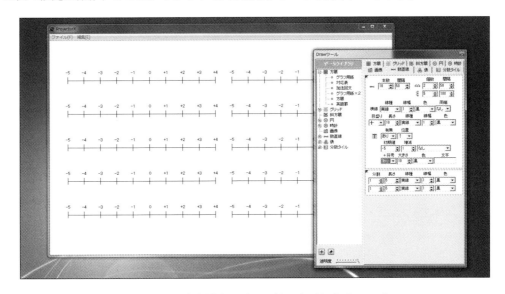

上の図は，−5から＋4までの数直線を2列×5行で表示したものです。

作成した画像は黒背景だけでなく白背景に変更することもできます。白背景の画像を保存しワープロソフトなどに貼り付ければ，プリントとして利用することができます。

黒板に提示されている図とプリントの図が同じであることは，授業のわかりやすさにつながります。

# 3 ダウンロード

ProjectorXはWindows上で動作するフリーソフトウエアで，下記のサイトから誰でもダウンロードして，使用することができます。

http://www.kisnet.or.jp/nappa/software/winsoft.htm

# 第7章 ICT活用（4）
# 表計算ソフトで計算プリントを自動化しよう

## 1 自作の計算プリントは何で作る？

ワープロソフトで自作のプリントを簡単に作成することができます。しかし，いつも同じプリントではなく，ちょっと違った問題にしたいと考えたときなど，ワープロソフトよりも表計算ソフトを利用したほうが活用の幅が広がります。

その利点は次の2つです。

① 関数を利用して，パターンにあった問題を自動的に作成することができる。

② 計算機能を利用して，解答を自動的に作成することができる。

基礎基本の定着に使える自作の計算プリントを作ってみましょう。

表計算ソフトはMicrosoct Excel® 2013で説明します。表計算ソフトの基本的な機能を使っているだけなので，他の表計算ソフトでも同じようにできます。正負の数の加法の計算プリントの作り方を順に説明します。

## 2 問題を自動作成

コンピュータゲームで敵がランダムに出現するという仕組みは，乱数を利用しています。乱数を利用することで，少し違った問題を簡単に作成することができます。

### (1) 乱数発生の仕組み

RAND関数とINT関数というワークシート関数を組み合わせて，利用したい範囲の数を作り出すことができます。RAND関数は0以上1未満の小数の乱数を作成する関数，INT関数は小数点以下を切り捨てて整数にする関数です。

この2つの関数を組み合わせて，$a$以上$b$以下の整数をランダムに発生させるには，次の数式を使います。

$= \text{INT}(\text{RAND}() * (b - a + 1) + a)$

なぜこのような数式で$a$以上$b$以下の整数をランダムに発生できるのかという疑問もわくと思いますが，詳しい説明は省きます。興味のある方は，ネット検索などで調べてみましょう。

### (2) 乱数を作る

数学では，整数だけでなく小数や分数などいろいろな数を扱います。次に，乱数を使ってい

ろいろな数を表現する方法について説明します。
- 3以上10以下の整数
= INT (RAND ( ) * (10 − 3 + 1) + 3)
- − 9以上8以下の整数
= INT (RAND ( ) * (8 − (− 9) + 1) + (− 9))
- 0.1以上3.0以下の小数第一位の小数
= INT (RAND ( ) * (30 − 1 + 1) + 1) /10

= INT (RAND ( ) * (10 − 3 + 1) + 3) は，数の範囲がわかりやすいようにあえて括弧の中の数を計算せずに入力するのがミソです。

また，小数を発生させるところでは，= INT (RAND ( ) * (30 − 1 + 1) + 1) として，一旦1以上30以下の整数を発生させ，/10で10分の1にします。

- 分母が1桁の真分数

真分数とは，$\frac{1}{3}$ や $\frac{4}{7}$ のような分子が分母よりも小さい分数です。分母の大きさによって分子の大きさが変わってくるので，単純に2つの乱数を発生するだけでは真分数を作成することができません。

そこで，まず，分母を2以上9以下の整数に決定し，分子を1以上[分母−1]以下の整数として乱数を発生させればよいのです。

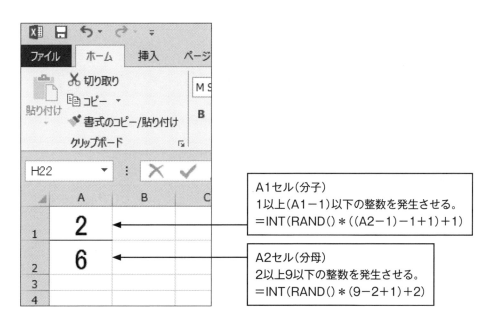

# 3 1桁のたし算

　正負の数の加法の計算プリントを作る前に，小学校1年生の1桁のたし算プリントを作ってみましょう。

(1) A1セルとC1セルに乱数の数式を入力する

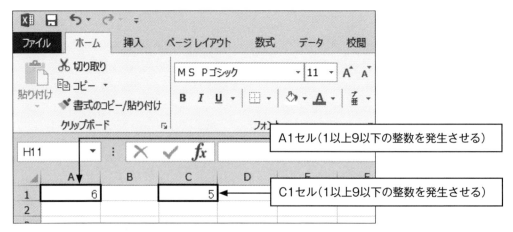

(2) B1セルに＋，D1セルに＝を入力する

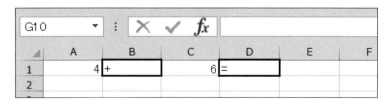

(3) E1セルに答えの数式を入力する

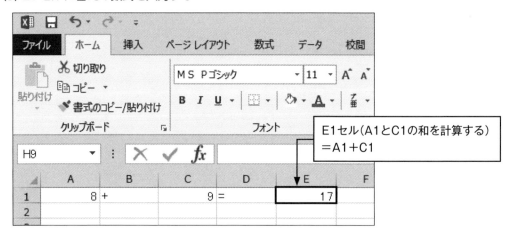

(4) 1行目をコピーして，10行目まで貼り付ける

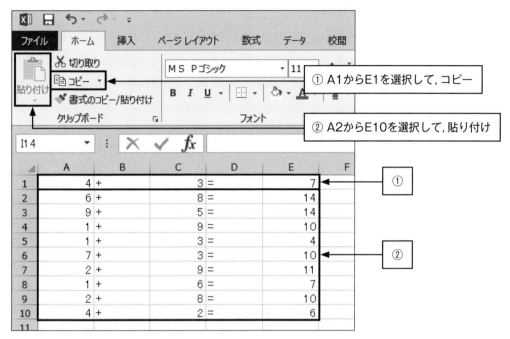

(5) 文字サイズと文字位置を変更する

とりあえず，1桁のたし算の計算プリントは完成です。F9キーを押すたびに，数式が再計算され，違う問題が表示されます。答えを表示させたくないときは，E列の文字色を白に変更します。

# 4 正負の数の加法

(1) A1 セルと C1 セルに乱数の数式を入力する

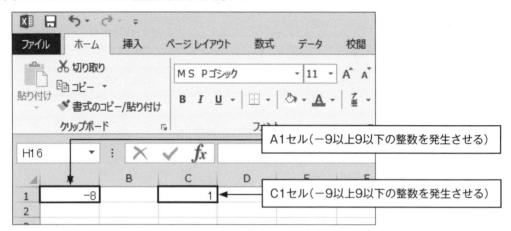

(2) B1 セルに + , D1 セルに = を入力する

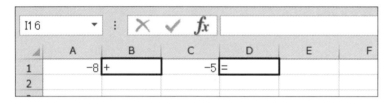

(3) E1 セルに答えの数式を入力する

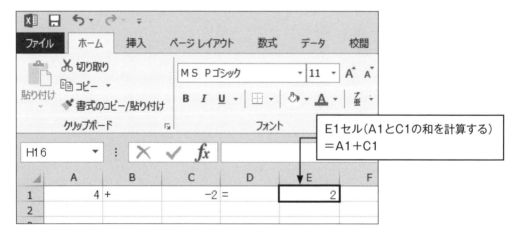

### (4) A1 セルの書式を設定する

正の数を（+4），負の数を（-2）と表示するように，セルの書式を設定します。

① **A1 セルを右クリックし，サブメニューから書式設定を選択する**

② **表現形式＞ユーザー定義＞種類　に書式を入力する**

；（セミコロン）で区切ることによって，1つの表現書式で複数の書式を設定することができます。(+#);(-#);0　と入力します。左から順に，正の数の書式；負の数の書式；ゼロの書式となります。

### (5) C1 セルの書式を設定する

C1セルの書式は，A1セルと同じです。(4) と同様に設定しましょう。

(6) E1セルの書式を設定する

　E1セルは答えなので括弧の表示が必要ありません。そこで，＋＃；－＃；０　と入力します。

　３つのセルの書式の設定後，下図のようになればOKです。

|  | A | B | C | D | E | F |
|---|---|---|---|---|---|---|
| 1 | (-8) | + |  | (+4) | = | -4 |
| 2 |  |  |  |  |  |  |

(7) 1行目をコピーして，10行目まで貼り付ける
(8) 文字サイズと文字位置を変更する

|  | A | B | C | D | E | F |
|---|---|---|---|---|---|---|
| 1 | (-2) | + | (-6) | = | -8 |  |
| 2 | (-2) | + | (+2) | = | 0 |  |
| 3 | (-7) | + | (-7) | = | -14 |  |
| 4 | (+4) | + | 0 | = | +4 |  |
| 5 | (+4) | + | (+7) | = | +11 |  |
| 6 | (-7) | + | (+8) | = | +1 |  |
| 7 | (+3) | + | (+5) | = | +8 |  |
| 8 | (+3) | + | (-1) | = | +2 |  |
| 9 | (-6) | + | (+2) | = | -4 |  |
| 10 | (-9) | + | (+6) | = | -3 |  |

　最初は難しく感じるかもしれませんが，1度作成すればそのたびに違う問題ができ，答えも同時に計算してくれます。一人ひとり異なる問題プリントで練習することも可能になります。

■■ 参考文献

中野博幸『教科研究　数学　No.179』pp.12－15, 2005年, 学校図書

# 第7章 ICT活用（5）
# 毎時間の板書を情報機器で撮影しよう

　板書は，1時間の授業内容を端的に示すものです。

　その1時間でどのような課題が提示され，どのような過程を通して解決されたのかが構造的に示されている必要があります。

　板書は子どもたちのノートには残るものの，教師の手元に残ることはありません。しかし，今では情報機器が発達し，手軽に使えるようになりました。自分が書いた文字をそのまま印刷してくれるホワイトボードのような製品も開発されてはいますが，そのような高価なものは必要ありません。授業が終わったら，デジタルカメラやタブレット端末，スマートフォンなどでパチリと撮影すればよいのです。

　板書をデジタルで保存しておくメリットは，2つあります。
　①　自分の授業を振り返るための資料になる。
　②　生徒に前の授業内容を思い出させるための資料になる。

　自分の授業を振り返るための資料の使い方としては，
　・文字や数字がていねいに書かれているか。
　・教師の説明だけでなく，生徒の考えや疑問などが書かれているか。
　・今日の課題とその解法や答えとともに，重要な点がきちんとまとめられているか。
などをチェックすることができます。

　また，生徒に前の授業内容を思い出させるための資料の使い方としては，
　・本時の導入として，前時の板書をプロジェクタなどで見せる。
　・本時に関連した既習事項をプロジェクタで見せたり，印刷して配付したりする。
などが考えられます。

　最近では，手軽に使える情報整理ツールなどもたくさんあります。
　それらを使えば，それぞれのデジタルデータにキーワードをつけることができるので，たくさんのデータから必要な情報を取り出すことも簡単にできます。

117

# 第8章 教材・教具（1）
## カードや模型など

　教科書と黒板だけでなく，いろいろな教材を使って授業をすることは，生徒の学習意欲を高めることにつながります。デジタルもよいのですが，アナログだけで工夫できることがたくさんあります。

　よく利用する教材や教具を自前で用意して，いつも使えるようにしておくと，とても便利です。100円ショップやホームセンターで購入したり，自作したりして用意しましょう。

### ■数字カード

　厚手のボール紙に数字を書いたものです。

　提示用は葉書サイズ，生徒の活動用は名刺サイズがちょうどよい大きさです。$-10 \sim +10$まであればよいでしょう。負の数，0，正の数を色違いにすることもできます。

　〔表面に数字・裏面はなし〕のものと，〔表面に正の数・裏面に負の数〕のものの2種類を用意しておくと利用範囲が広がります。前者はトランプカードのように利用でき，後者は絶対値や一次方程式の移項の場面で利用することができます。

　カードをセットにしてチャック付きポリ袋に入れておくと，グループ活動で利用するときに便利です。

### ■英字カード

　数字カードと同様，厚手のボール紙に英字を書いたものです。表面を大文字，裏面を小文字にします。図形の頂点を示したり，場合の数を求めたりするときに利用することができます。

### ■サイコロ

　サイコロは，確率の求め方や標本調査などで利用できます。

　立方体のものだけでなく，正四面体や正十二面体などのサイコロもありますので，ランダムな数字で問題を作成したりする活動にも使えます。他にも色の違う2つのサイコロを使って，座標の学習を行うなどいろいろと工夫できます。

## ■電卓

　学校の教材として整備されているところもありますが，100円ショップで電卓が購入できる時代になりました。自前で1クラス分を入れるかごとセットで用意しても，それほどの出費ではありません。1人1台のタブレット端末が整備される学校が増えてきてはいますが，全国的にはまだまだです。

　電卓の良いところは，電源を入れてすぐに計算ができるところです。πや平方根の計算で近似値を求めたり，いろいろな問題解決場面で利用したりすることができます。

## ■トランプ

　トランプは，普通の大きさのものと大きなものの2種類があるとよいです。

　普通の大きさのトランプは，10組ほど用意しておくと4人グループで使うことができます。

　大きなトランプは提示用です。教師が操作するだけでなく，黒板で生徒にやらせてみてもよいでしょう。葉書サイズのトランプは100円ショップで，A4サイズは通販サイトで購入することができます。大きなトランプは提示用なので，52枚すべてそろっている必要はありません。

　絵柄でなければ，コンピュータのワープロソフトなどで作成し，厚手の用紙に印刷すれば簡単です。ラミネート加工すれば，傷みを気にせずに長く使えます。その際は，光が反射しにくいラミネートフィルムを使うとよいでしょう。

　利用場面としては，1年生の正負の数の計算や，2年生の確率の求め方などです。また，数学の仕組みを使った手品をすることで，生徒に数学への興味・関心を持たせることもできます。

## ■立体模型

　学校で整備されているところがほとんどでしょう。しかし，市販のものは提示用で高価なので，グループの数だけそろっているところはほとんどないでしょう。

　市販されている教材のように正確ではありませんが，ホームセンターで工作用に小さな立体が購入できます。立方体，正四角錐，球などがあります。断面が四角形や円，三角形の棒材もありますので，これを適当な長さに切断すれば，直方体，円柱，三角柱などが自作できます。

　グループごとに透明ケースに入れておけば，立体図形の性質を考えさせたり，投影図を描いたりする活動に利用することができます。

## ■大きなマッチ棒

　生徒はマッチ棒パズルが大好きです。図形の学習の導入に使ったり，授業時間が少し余った
ときなどに問題を出したりするととても喜びます。

　厚手のボール紙で黒板に貼ることができる大きなマッチ棒を作っておくと，すぐに使えて便
利です。


## ■磁石

　両面のカラーマグネットを色違いで10個ずつ用意しましょう。

　数字カードやトランプを黒板に貼るだけでなく，座標や図形の頂点などを示すことに利用で
きます。両面なので，クリップで数字カードを挟んで磁石で止めると，カードを裏返したり移
動したりするのが簡単です。


## ■ストロー

　白く細めのものを大量に用意しましょう。

　端にペンで色をつければ，くじ引きの教材として使うことができます。

　テープで貼り付けて長くすれば，動かせる直線になります。グラフの傾きや図形の一部を動
かして見せることができます。

　また，ストローで立体図形を作ることもそれほど難しくはありません。空間認知は生徒に
とってとてもハードルが高いので，大き目の実物があるというのは大きなメリットになりま
す。ストローで作った立体にプロジェクタなどで光を当て黒板に影を映せば，その立体の見取
図になります。その影をチョークでなぞれば，3次元から2次元への変換をわかりやすく理解
させることができます。


## ■ひも

　手芸用の綿のひもです。色や太さなどいろいろなものがあります。磁石とセットで曲線を表
現したり，大きな円を描いたりするのに利用できます。

　また，位相幾何学を利用した縄抜けマジックなども，生徒の興味・関心を高めることができ
るでしょう。

# 第8章 教材・教具(2) プリントなど

　授業の中では，図やグラフなどを描いて考える場面が多くあります。いろいろな種類の用紙を準備しておきましょう。大量に印刷しておいて，学習場面に応じて使い分けます。
　ワープロや表計算ソフトの罫線機能を使って作ります。

### ■座標プリント

　関数の学習に不可欠な座標です。目盛りの異なる数種類のものを準備しましょう。

　① $x$ 軸・$y$ 軸あり，目盛り $-10 \sim +10$ まで
　② $x$ 軸・$y$ 軸あり，目盛り $-25 \sim +25$ まで
　③ 軸なし，縦50マス，横20マス

### ■罫線プリント

　いろいろな形のマス目のシートです。図を描くときの補助線として使うだけでなく，丸マスは俵算に利用できます。

　① 正方形マス
　② 正三角形マス
　③ 丸マス

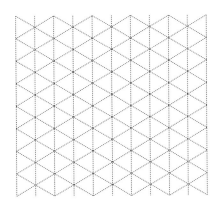
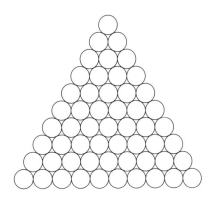

### ■ドットプリント

　罫線シートの線をなくして，点だけにしたものです。ジオボードのように図を描いたり，ピックの定理の学習などに利用できます。

　① 正方形ドット
　② 正三角形ドット

## コラム 7

### ■ 数学の学力の弱点はどこ？

16・17ページの「学力の三要素と二種類の課題」のところで，学力には3つの要素があることが法規で規定されていると記しました。3つの要素は「知識・技能」，「思考力・判断力・表現力」，「学習意欲」でした。これらの要素に対して，中学生や高校生の数学の学力はバランスがとれているのでしょうか。それとも落ち込んでいる要素があるのでしょうか。

学力の国際的な調査としてTIMSSやPISAがあります。これらの調査結果に基づき，学力のバランス状態を見ていきましょう。

## 1 「知識・技能」

国際教育到達度評価学会（IEA）が進めている TIMSS（Trends in International Mathematics and Science Study）と呼ばれる算数・数学及び理科の到達度に関する国際的な調査があります。「TIMSSは学校で習う内容をどの程度習得しているかを見るアチーブメント・テストとされる」[1]とあり，実際に出題された調査問題[2]を見ると，どちらかと言えば「知識・技能」についての調査とみることができます。この調査には日本も参加しています。4年ごとに行われ，1995年から2011年まで5回にわたり実施されてきました。それ以前には，理科の調査とは別の年に国際数学教育調査の第1回が1964（昭和39）年に，第2回が1981（昭和56）年に実施されています。

日本の中学生の数学の成績を表にすると次のようになります。国際比較が可能な国・地域のおよそ上位1割程度に入っています。

表：TIMSSにおける日本の中学生の数学の成績[3]

| 実施年 | 国際比較が可能な国・地域 | 日本 |
|---|---|---|
| 1964（昭和39）年 | 12 | 中学校2年生　平均総得点　2位 |
| 1981（昭和56）年 | 20 | 中学校1年生　平均正答率　1位 |
| 1995（平成7）年 | 41 | 中学校2年生　平均得点　3位 |
| 1999（平成11）年 | 38 | 中学校2年生　平均得点　5位 |
| 2003（平成15）年 | 46 | 中学校2年生　平均得点　5位 |
| 2007（平成19）年 | 49 | 中学校2年生　平均得点　5位 |
| 2011（平成23）年 | 42 | 中学校2年生　平均得点　5位 |

■ コラム7　数学の学力の弱点はどこ？

## 2 「思考力・判断力・表現力」

　経済協力開発機構（OECD）が進めている PISA（Programme for International Student Assessment）と呼ばれる国際的な学習到達度に関する調査があります。「PISA は学校で習った知識や技能の活用能力を見るテスト」[1] とあり，実際に出題された調査問題[4] を見ると，どちらかといえば「思考力・判断力・表現力」についての調査とみることができます。この調査は 15 歳児を対象に，読解力，数学的リテラシー，科学的リテラシーの三分野について，3 年ごとに本調査を実施しています。日本も参加しており，高校 1 年生が調査対象になっています。数学的リテラシーについては，次のように規定[5] しています。

> 数学が世界で果たす役割を見つけ，理解し，現在および将来の個人の生活，職業生活，友人や家族や親族との社会生活，建設的で関心を持った思慮深い市民としての生活において確実な数学的根拠にもとづき判断を行い，数学に携わる能力。

　調査結果を表にすると次のようになります。2006（平成 18）年までの 3 回は順位を下げたものの，2012（平成 24）年は，参加した国・地域のおよそ上位 1 割程度に入っています。

表：PISA における日本の高校生の数学的リテラシーの成績[3]

| 実施年 | 参加した国・地域 | 日本 |
| --- | --- | --- |
| 2000（平成 12）年 | 32 | 高校 1 年生　　1 位 |
| 2003（平成 15）年 | 41 | 高校 1 年生　　6 位 |
| 2006（平成 18）年 | 57 | 高校 1 年生　　10 位 |
| 2009（平成 21）年 | 65 | 高校 1 年生　　9 位 |
| 2012（平成 24）年 | 65 | 高校 1 年生　　7 位 |

## 3 「学習意欲」

　学力の要素の 1 つである「学習意欲」を推し量るものとして，数学の勉強を「楽しい」と感じている生徒の割合がどの程度であるかを TIMSS の調査結果から確認してみます。
　TIMSS は，中学校 2 年生に「数学の勉強が楽しいか」を 4 つの選択肢（「強くそう思う」，「そう思う」，「そう思わない」，「まったくそう思わない」）で尋ねています。このうち，「強くそう思う」と「そう思う」と答えた日本の生徒の割合と国際平均値の割合を表にします。

表：中学校2年生の「数学の勉強は楽しい」の結果[3)]

|  | TIMSSの実施年 | 国際平均値 | 日本 |
|---|---|---|---|
| 「強くそう思う」と答えた生徒の割合（％） | 1995（平成 7 ）年 | 17 | 5 |
|  | 1999（平成11）年 | 25 | 6 |
|  | 2003（平成15）年 | 29 | 9 |
|  | 2007（平成19）年 | 35 | 9 |
|  | 2011（平成23）年 | 33.1 | 13.3 |
| 「そう思う」と答えた生徒の割合（％） | 1995（平成 7 ）年 | 46 | 41 |
|  | 1999（平成11）年 | 44 | 33 |
|  | 2003（平成15）年 | 36 | 30 |
|  | 2007（平成19）年 | 32 | 30 |
|  | 2011（平成23）年 | 37.6 | 34.3 |

中学2年生の「強くそう思う」と答えた生徒の割合は，5回の調査とも国際平均値から大きく引き離されています。

## 4 数学の学力の弱点は「学習意欲」

以上のことから，学力の3要素はバランスがよいわけではなく，「学習意欲」が著しく落ち込んでいると言えます。このことは算数においても同様の傾向にあります。

算数科の目標の一部である「算数的活動の楽しさや数理的な処理のよさに気付く」についての解説部分[6)]には次のようにあります。

> この部分は，主として算数科における情意面にかかわる目標を述べている。例えば，IEA（国際教育到達度評価学会）の比較調査ではこれまで，我が国では算数が好きであるという児童の割合が国際的に見ると低いとの結果が報告されており，そうした状況は現在でも改善されているとはいえない。算数の指導においては，児童が算数は楽しい，算数は面白い，算数は素晴らしいと感じることができるような授業をつくりだしていくことが大きな課題である。

算数と中学校数学に共通する喫緊の課題です。小学校と中学校が一層連携を強め，この課題の克服に向けて，「児童・生徒が算数・数学は楽しい，面白い，素晴らしいと感じることができるような授業」をつくりだしていきたいものです。

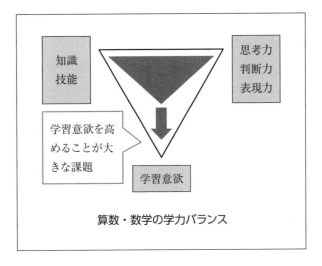

### ■■ 引用・参考文献

1) 日本数学教育学会編著『算数教育指導用語辞典第四版』, p.62, 平成21年, 教育出版
2) 国立教育研究所『中学生の数学成績と教師の指導法-第2回国際数学教育調査国内報告-』, 昭和58年, 第一法規
3) 各表は, 主に国立教育政策研究所のホームページ内にあるTIMSSやPISAに関する情報を参考にして筆者が作成
4) 経済協力開発機構(OECD)編著, 国立教育政策研究所監訳『PISAの問題できるかな?』, 2010年, 明石書店
5) 上掲1), p.73
6) 文部科学省『小学校学習指導要領解説算数編』, p.21, 平成20年, 東洋館出版社

## ■■おわりに

　中学生が夏休みの科学研究で地層の中から恐竜の化石を掘り出したり，昆虫や植物の不思議な生態を発見したりして，ニュースになることがあります。私たちの身近な自然界には，まだまだたくさんの発見があります。しかし，数学の世界においては，中学生が世紀の大発見をすることはまずありません。教科書に書かれている数学の学習内容は，過去に誰かが発見し，すでに証明されていることがらです。また，数学上の未解決問題は，中学生がその意味を理解できたとしても，証明することはまず不可能でしょう。そのため，多くの数学教師は学習内容を生徒に正確に伝えようとします。これは，教師は人類の知の成果としての数学を生徒に伝達すればよいと考えていることにほかなりません。

　私自身もそう思っていた学生時代のある日，恩師から「数学を学ぶということは，生徒自身が数学を発見すること」と言われ，強い衝撃を受けました。過去にすでに発見・証明されている数学的な事象であっても，それを学ぶ生徒にとっては新しい発見であり，それによって生徒自身の中に数学の世界が構築されていく，それこそが大きな意味を持つことなのです。つまり，教師の役割はすでに誰かによって作られているものをそのまま受け入れさせるのではなく，生徒が自分だけの新しい知の世界を構築する手助けをすることなのです。

　教科書に書かれていることから新しい発見などできないと教師自身が考えていたら，「生徒自身が数学を発見する」授業が実現できるわけがありません。今まで当たり前だと考えていた学習内容を，いろいろな角度から分析し直してみることが教材研究の重要な点であり，それによって教師自身に新しい発見があれば（すでに誰かが見つけていることであっても），大きな授業改善につながっていくでしょう。

　事実，この本を執筆するにあたり，私たち自身がお互いに刺激を受けながら，今までとは違った角度からの教材分析を行い，新たに発見をしたことがあり，数学の奥深さとおもしろさに改めて気付くことができました。これが，自分自身の中に新しい数学の世界が構築されていく楽しさなのでしょう。

　大学教員である私たちは，日々中学生に数学の授業をすることができません。この本に書かれた教材アイデアが読者のみなさんの授業の一助になれば，これにまさる喜びはありません。

　最後に，学校図書の小林雅人氏，大関信昭氏と共著者の松沢要一先生には，このような機会を与えていただき，深く感謝申し上げます。


東日本大震災から5年　2016年3月11日

中　野　博　幸

## ■■ 著者紹介

### 松沢 要一 （まつざわ よういち）

上越教育大学教職大学院教授

【略歴】
公立と国立の中学校教員22年間, 指導主事4年間, 任期付大学教員3年間を経て, 平成20年より上越教育大学教職大学院の専任教員となる。

【受賞歴】
第53回読売教育賞（算数・数学教育部門）最優秀賞, 渡辺教育賞, 長谷川米吉賞

【主な著書】
『授業が10倍おもしろくなる！ 算数教材かんたんアレンジ34』(2014, 明治図書)
『中学校数学科 授業を変える教材開発＆アレンジの工夫38』(2013, 明治図書)
『こんな教材が「算数・数学好き」にした』(2006, 東洋館出版社)
いずれも単著。分担執筆多数あり。

【本書の執筆分担】
pp.6-31, pp.58-65, pp.82-95, pp.122-125

### 中野 博幸 （なかの ひろゆき）

上越教育大学学校教育実践研究センター准教授

【略歴】
公立中学校・小学校教員20年間, 指導主事3年間, 任期付大学教員6年間を経て, 平成27年より上越教育大学学校教育実践研究センターの専任教員となる。

【主な著書】
R&STAR データ分析入門 (2013, 新曜社)
『フリーソフト js-STAR で かんたん統計データ分析』(2012, 技術評論社)
『クイック・データアナリシス―10秒でできる実践データ解析法』(2004, 新曜社)
いずれも共著。

【ホームページ】
数学教育に関わるソフトウエアや教材などを多数公開しています。
http://www.kisnet.or.jp/nappa/

【本書の執筆分担】
pp.32-57, pp.66-81, pp.96-121

中学校数学の授業デザイン③

松沢要一・中野博幸 共著

# 数学好きを育てる教材アイデア

2016年7月15日　初版第1刷発行

著　者　松沢要一　中野博幸

発行者　中嶋則雄

発行所　学校図書株式会社
　　　　〒114-0001 東京都北区東十条3-10-36
　　　　TEL 03-5843-9432　FAX 03-5843-9438
　　　　http://www.gakuto.co.jp

ISBN C3041 978-4-7625-0181-4
定価はカバーに表示してあります。落丁・乱丁はお取り替えいたします。
©2016 Youichi Matsuzawa, Hiroyuki Nakano